中国·成都龙泉山城市森林公园生态建设丛书

成都龙泉山高等真菌原色图志

主　编　杨春琳　许秀兰
副主编　肖前刚　刘　超

西南交通大学出版社
·成都·

图书在版编目（CIP）数据

成都龙泉山高等真菌原色图志 / 杨春琳，许秀兰主编. --成都：西南交通大学出版社，2025.4. --（中国·成都龙泉山城市森林公园生态建设丛书）. -- ISBN 978-7-5774-0387-8

I. Q949.320.8-64

中国国家版本馆 CIP 数据核字第 2025MS4396 号

中国·成都龙泉山城市森林公园生态建设丛书

Chengdu Longquanshan Gaodeng Zhenjun Yuanse Tuzhi
成都龙泉山高等真菌原色图志

主编　杨春琳　许秀兰

策划编辑	李晓辉
责任编辑	李晓辉
助理编辑	王攀月
责任校对	左凌涛
封面设计	墨创文化
出版发行	西南交通大学出版社
	（四川省成都市金牛区二环路北一段 111 号
	西南交通大学创新大厦 21 楼）
营销部电话	028-87600564　028-87600533
邮政编码	610031
网　　址	https://www.xnjdcbs.com
印　　刷	四川玖艺呈现印刷有限公司
成品尺寸	210 mm × 297 mm
印　　张	24.5
字　　数	367 千
版　　次	2025 年 4 月第 1 版
印　　次	2025 年 4 月第 1 次
书　　号	ISBN 978-7-5774-0387-8
定　　价	150.00 元

图书如有印装质量问题　本社负责退换

版权所有　盗版必究　举报电话：028-87600562

《成都龙泉山高等真菌原色图志》
编写委员会

顾　问： 刘应高

主　任： 蓝正勇　肖前刚

主　编： 杨春琳　许秀兰

副主编： 肖前刚　刘　超

编写委员会

刘应高　蓝正勇　刘家平　杨春琳　许秀兰　刘　超　肖前刚　周依杰　陈晓航　刘　枫
闫雅倩　曾　珍　孙启荣　邓玉帅　祺　袁新新　刘运科　庄　丽　刘　尉　王保新
黄倩颖　张勃龙　陈　菲　张达江　王勇军　张　捷　王仕彬　骆　丹　冯　毅

编写单位

四川农业大学林学院

成都市农林科学院林业研究所

成都市龙泉驿区龙泉山森林公园和水蜜桃产业园管委会

内容简介
BRIEF INTRODUCTION

本图志根据传统形态学方法和现代分子系统学手段,结合室内培养与分析,对采集的成都龙泉山城市森林公园大型真菌标本进行了系统鉴定。主要介绍了其中的179个物种,包括子囊菌12种、担子菌167种,隶属于2门、5纲、15目、47科、102属,对每个物种的形态特征和关联属性进行了详细介绍,并按照Fungal Names、Index Fungorum、MycoBank等真菌分类系统或平台对真菌的拉丁学名、同物异名、分类地位等进行了准确查定。本书可以供菌物学、食用菌学、林学、森林保护学、农林业从业者、大专院校相关专业的师生查阅和参考。

前言
PREFACE

　　大型真菌（或称蕈菌）是指肉眼可以辨识、徒手可以采摘、具有大型子实体的一类真菌，包括了真菌界的多数类群，以及原生动物界的黏菌等种类。真菌学家保守估计，全球有150万～600万种真菌，更有文献估测达1100万种以上，超过地球生物圈第一大类群的物种——昆虫的评估数。截至2024年，全球报道的真菌物种约15.5万种，传统的类群主要包括19个菌门，即子囊菌门（Ascomycota）、担子菌门（Basidiomycota）、毛霉门（Mucoromycota）、根肿黑粉菌门（Entorrhizomycota）、被孢霉门（Mortierellomycota）、捕虫霉门（Zoopagomycota）、球囊菌门（Glomeromycota）、小石灰孢霉门（Calcarisporiellomycota）、蛙粪霉门（Basidiobolomycota）、油壶菌门（Olpidiomycota）、梳霉门（Kickxellomycota）、虫霉门（Entomophthoromycota）、芽枝霉门（Blastocladiomycota）、壶菌门（Chytridiomycota）、单毛壶菌门（Monoblepharomycota）、类滑壶菌门（Aphelidiomycota）、新丽鞭毛菌门（Neocallimastigomycota）、罗兹壶菌门（Rozellomycota）和似壶菌门（Sanchytriomycota）。目前，报道记录的大型真菌种类有限，记录最多的类群是子囊菌类、伞菌类、腹菌类、多孔菌类、胶质菌类和地衣类等，仍然有很多未知种类亟需被认识和保护利用。

　　成都龙泉山城市森林公园位于成都市中心城区东部偏南、龙泉山脉中段的龙泉驿区，东经104°5′38″～104°36′17″、北纬30°12′29″～30°57′14″，东西跨越10～12 km，南北延伸90 km，面积为1275 km^2，区域内涉及行政区有洪安镇、山泉镇、洛带镇、龙泉街道、柏合街道、同安街道等6个乡镇（街道）53个村（社区）。龙泉山褶断带抬升幅度较小，境内海拔以及相对高度差不明显，最高海拔为1051.3 m，位于柏合街道长松村周家梁子，其中山脊海拔为800～1000 m，相对高差400～600 m；最低海拔425 m，位于山泉镇龙泉湖村。

成都龙泉山城市森林公园有林地面积约2万hm^2，国家特别规定灌木林地501.6 hm^2。公园植被类型以人工乔木林为主，次生天然林较少，森林植被与农田相间分布，山坝差异较为明显。乔木林主要为柏木林、青冈林和巨桉林，还有桃、枇杷和柑橘等经济植物。公园气候类型属四川盆地亚热带湿润季风气候，气候温和，空气湿润，冬无严寒，夏无酷暑，春暖秋凉，四季分明，无霜期长，风力偏小。

四川是世界大型真菌物种多样性最为丰富的地区之一，一直以来受到国内外真菌学家的青睐与关注，特别是川西和四川盆地地区，众多学者到这些区域进行了大型真菌的实地调查和研究，而位于成都平原的东缘山脉（龙泉山脉）相对较少有人关注，且缺少专门的、系统性的研究工作。成都龙泉山城市森林公园生境环境复杂、植被多样、气候适宜，科研工作者们经过多年的系统调查、标本收集、系统分类与鉴定，发现该区域内分布着丰富的大型真菌资源，本书主要介绍其中的179个物种。

本书对介绍的每个物种的正式拉丁学名、分类地位、表型生物学特征、生态习性、地理分布、经济价值或危害性等方面进行了较为详细的阐述，每个物种都附有彩色图版和说明，但由于篇幅的限制，关于物种的鉴定流程和依据等信息并未列出。本图志所有真菌物种的分类标准参照Fungal Names（https://nmdc.cn/fungalnames）、Index Fungorum（http://www.indexfungorum.org/Names/Names.asp）和MycoBank（https://www.mycobank.org）等平台数据进行核实与执行。

由于编者水平有限，书中难免有错漏之处，切盼同行和广大读者不吝批评指正，以便修订与再版。

编　者
2024年8月

目录 CONTENTS

子囊菌门 Ascomycota ·· 001

锤舌菌纲 Leotiomycetes ·· 002
  锤舌菌目 Leotiales ·· 002
    锤舌菌科 Leotiaceae ·· 002
      1. *Leotia marcida* ·· 002

盘菌纲 Pezizomycetes ·· 004
  盘菌目 Pezizales ·· 004
    裂杯菌科 Chorioactidaceae ·· 004
      2. *Trichaleurina tenuispora* ·· 004
    马鞍菌科 Helvellaceae ·· 006
      3. *Helvella tomentosa* ·· 006

粪壳菌纲 Sordariomycetes ·· 008
  肉座菌目 Hypocreales ·· 008
    虫草菌科 Cordycipitaceae ·· 008
      4. *Isaria cicadae* ·· 008
  炭角菌目 Xylariales ·· 010
    炭团菌科 Hypoxylaceae ·· 010
      5. *Daldinia concentrica* ·· 010
      6. *Hypoxylon haematostroma* ·· 012
    炭角菌科 Xylariaceae ·· 014
      7. *Xylaria apiculata* ·· 014
      8. *Xylaria berteroi* ·· 016
      9. *Xylaria filiformis* ·· 018
      10. *Xylaria hypoxylon* ·· 020

11. *Xylaria melanaxis* ········· 022

12. *Xylaria mianyangensis* ········· 024

担子菌门 Basidiomycota ········· 027

伞菌纲 Agaricomycetes ········· 028

伞菌目 Agaricales ········· 028

伞菌科 Agaricaceae ········· 028

13. *Agaricus campestris* ········· 028

14. *Agaricus memnonius* ········· 030

15. *Agaricus moelleri* ········· 032

16. *Agaricus porphyrizon* ········· 034

17. *Chamaemyces fracidus* ········· 036

18. *Coprinus comatus* ········· 038

19. *Leucoagaricus centricastaneus* ········· 040

20. *Leucoagaricus cinerascens* ········· 042

21. *Leucoagaricus rubrobrunneus* ········· 044

22. *Leucoagaricus serenus* ········· 046

23. *Leucoagaricus subcrystallifer* ········· 048

24. *Leucoagaricus subpurpureolilacinus* ········· 050

25. *Leucoagaricus tener* ········· 052

26. *Leucoagaricus vassiljevae* ········· 054

27. *Leucoagaricus nivalis* ········· 056

28. *Leucoagaricus leucothites* ········· 058

29. *Lepiota brunneoincarnata* ········· 060

30. *Tulostoma subsquamosum* ········· 062

31. *Xanthagaricus epipastus* ········· 064

32. *Xanthagaricus necopinatus* ········· 066

鹅膏菌科 Amanitaceae ········· 068

33. *Amanita subjunquillea* ········· 068

34. *Amanita subglobosa* ········· 070

粪伞科 Bolbitiaceae ··· 072
    35. *Conocybe tenera* ··· 072
    36. *Descolea quercina* ··· 074
    37. *Descolea flavoannulata* ··· 076

珊瑚菌科 Clavariaceae ·· 078
    38. *Clavaria vermicularis* ··· 078
    39. *Clavulina coralloides* ··· 080
    40. *Clavulinopsis aurantiocinnabarina* ··· 082
    41. *Clavulinopsis fusiformis* ·· 084

丝膜菌科 Cortinariaceae ·· 086
    42. *Cortinarius pholideus* ··· 086
    43. *Cortinarius rubellus* ·· 088
    44. *Cortinarius subferrugineus* ·· 090

粉褶菌科 Entolomataceae ··· 092
    45. *Entoloma clypeatum* ·· 092
    46. *Entoloma excentricum* ··· 094
    47. *Entoloma praegracile* ·· 096
    48. *Clitopilus piperitus* ··· 098

轴腹菌科 Hydnangiaceae ··· 100
    49. *Laccaria pumila* ··· 100

层腹菌科 Hymenogastraceae ··· 102
    50. *Hebeloma fastibile* ·· 102
    51. *Gymnopilus dilepis* ··· 104
    52. *Gymnopilus lepidotus* ·· 106

丝盖伞科 Inocybaceae ··· 108
    53. *Inocybe calospora* ·· 108
    54. *Inocybe caroticolor* ··· 110
    55. *Inocybe curvipes* ·· 112
    56. *Inocybe godeyi* ·· 114
    57. *Inocybe salicis* ··· 116

58. *Inosperma maculatum* ·· 118

59. *Pseudosperma rimosum* ·· 120

60. *Mallocybe longquanensis* ·· 122

马勃科 Lycoperdaceae ·· 124

61. *Apioperdon pyriforme* ·· 124

62. *Bovista pusilla* ·· 126

63. *Calvatia craniiformis* ·· 128

64. *Lycoperdon perlatum* ·· 130

离褶伞科 Lyophyllaceae ·· 132

65. *Termitomyces eurrhizus* ·· 132

66. *Termitomyces microcarpus* ·· 134

67. *Termitomyces fuliginosus* ·· 136

小皮伞科 Marasmiaceae ·· 138

68. *Crinipellis bidens* ·· 138

69. *Marasmius graminum* ·· 140

70. *Marasmius oreades* ·· 142

71. *Marasmius siccus* ·· 144

72. *Tetrapyrgos nigripes* ·· 146

小菇科 Mycenaceae ·· 148

73. *Mycena pura* ·· 148

74. *Mycena abramsii* ·· 150

75. *Mycena adnexa* ·· 152

76. *Mycena castaneicola* ·· 154

光茸菌科 Omphalotaceae ·· 156

77. *Collybiopsis biformis* ·· 156

78. *Collybiopsis confluens* ·· 158

79. *Collybiopsis subnuda* ·· 160

80. *Connopus acervatus* ·· 162

81. *Gymnopus dryophilus* ·· 164

82. *Gymnopus longus* ·· 166

83. *Marasmiellus candidus* ··· 168

84. *Rhodocollybia butyracea* ·· 170

黄侧耳科 Phyllotopsidaceae ·· 172

85. *Pleurocybella porrigens* ··· 172

膨瑚菌科 Physalacriaceae ·· 174

86. *Armillaria mellea* ··· 174

87. *Cyptotrama asprata* ··· 176

88. *Desarmillaria tabescens* ·· 178

89. *Flammulina velutipes* ·· 180

90. *Hymenopellis raphanipes* ·· 182

91. *Oudemansiella bii* ·· 184

光柄菇科 Pluteaceae ·· 186

92. *Pluteus cervinus* ·· 186

93. *Pluteus leoninus* ·· 188

94. *Volvariella brumalis* ·· 190

95. *Volvariella hypopithys* ··· 192

96. *Volvariella murinella* ··· 194

97. *Volvariella volvacea* ··· 196

小脆柄菇科 Psathyrellaceae ·· 198

98. *Candolleomyces candolleanus* ·· 198

99. *Candolleomyces subsingeri* ··· 200

100. *Coprinellus disseminatus* ·· 202

101. *Coprinellus micaceus* ··· 204

102. *Coprinellus xanthothrix* ··· 206

103. *Lacrymaria lacrymabunda* ·· 208

104. *Parasola plicatilis* ·· 210

105. *Psathyrella corrugis* ··· 212

106. *Psathyrella kauffmanii* ··· 214

107. *Psathyrella pygmaea* ··· 216

108. *Psathyrella spadiceogrisea* ·· 217

裂褶菌科 Schizophyllaceae ··· 218
 109. *Schizophyllum commune* ·· 218

口蘑科 Tricholomataceae ··· 220
 110. *Tricholoma argyraceum* ·· 220

伞菌目地位未定 Agaricales *families incertae sedis* ··· 222
 111. *Clitocybe bresadolana* ·· 222
 112. *Clitocybe phyllophila* ·· 224
 113. *Crucibulum laeve* ·· 226
 114. *Cyathus striatus* ·· 228
 115. *Gerronema nemorale* ·· 230
 116. *Leucocybe candicans* ·· 232

牛肝菌目 Boletales ··· 234
 牛肝菌科 Boletacaae ··· 234
  117. *Boletus* sp. ·· 234
  118. *Butyriboletus brunneus* ·· 236
  119. *Caloboletus radicans* ·· 238
  120. *Hortiboletus campestris* ·· 240
  121. *Hortiboletus rubellus* ·· 241
  122. *Tylopilus atroviolaceobrunneus* ·· 242
  123. *Tylopilus felleus* ·· 243
  124. *Tylopilus rubrobrunneus* ·· 244
  125. *Xerocomus parvus* ·· 246

 须腹菌科 Rhizopogonaceae ··· 248
  126. *Rhizopogon jiyaozi* ·· 248

 硬皮马勃科 Sclerodermataceae ··· 250
  127. *Pisolithus arhizus* ·· 250
  128. *Scleroderma areolatum* ·· 252

鸡油菌目 Cantharellales ··· 254
 齿菌科 Hydnaceae ··· 254
  129. *Cantharellus cibarius* ·· 254

地星目 Geastrales ... 256
　地星科 Geastraceae ... 256
　　130. *Geastrum rufescens* ... 256
　　131. *Geastrum saccatum* ... 258
　　132. *Geastrum triplex* ... 260

褐褶菌目 Gloeophyllales ... 262
　褐褶菌科 Gloeophyllaceae ... 262
　　133. *Gloeophyllum trabeum* ... 262

锈革孔菌目 Hymenochaetales ... 264
　锈革孔菌科 Hymenochaetaceae ... 264
　　134. *Phellinus padicola* ... 264

鬼笔目 Phallales ... 266
　鬼笔科 Phallaceae ... 266
　　135. *Lysurus periphragmoides* ... 266
　　136. *Phallus rubicundus* ... 268

多孔菌目 Polyporales ... 270
　拟层孔菌科 Fomitopsidaceae ... 270
　　137. *Fomitopsis malicola* ... 270
　干皮菌科 Incrustoporiaceae ... 272
　　138. *Tyromyces chioneus* ... 272
　耙齿菌科 Irpicaceae ... 274
　　139. *Irpex lacteus* ... 274
　皱皮孔菌科 Ischnodermataceae ... 276
　　140. *Ischnoderma resinosum* ... 276
　显毛菌科 Phanerochaetaceae ... 278
　　141. *Bjerkandera adusta* ... 278
　柄杯菌科 Podoscyphaceae ... 280
　　142. *Abortiporus biennis* ... 280
　多孔菌科 Polyporaceae ... 282
　　143. *Cubamyces lactineus* ... 282

144. *Daedaleopsis confragosa* · 284
145. *Favolus tenuiculus* · 286
146. *Lentinus arcularius* · 288
147. *Perenniporia pyricola* · 290
148. *Pycnoporus cinnabarinus* · 292
149. *Trametes strumosa* · 294
150. *Trametes hirsuta* · 296
151. *Trametes versicolor* · 298
152. *Truncospora ochroleuca* · 300
153. *Vanderbylia fraxinea* · 302

灵芝科 Ganodermataceae · 304
154. *Ganoderma applanatum* · 304
155. *Ganoderma australe* · 306
156. *Ganoderma gibbosum* · 308
157. *Ganoderma lucidum* · 310

齿耳菌科 Steccherinaceae · 312
158. *Nigroporus vinosus* · 312

多孔菌目地位未定 Polyporales *family incertae sedis* · 314
159. *Fabisporus sanguineus* · 314

红菇目 Russulales · 316

红菇科 Russulaceae · 316
160. *Russula cerolens* · 316
161. *Russula cuprea* · 318
162. *Russula foetens* · 320
163. *Russula ilicis* · 322
164. *Russula insignis* · 323
165. *Russula graminea* · 324
166. *Russula puellaris* · 326
167. *Russula rosea* · 328
168. *Russula subfoetens* · 330

	169. *Russula vesca* ……………………………………………………………… 332
	170. *Russula virescens* …………………………………………………………… 334
	171. *Lactarius camphoratus* ……………………………………………………… 336
	172. *Lactarius cinnamomeus* ……………………………………………………… 338
	173. *Lactarius olivaceopallidus* ………………………………………………… 340
	174. *Lactarius hirtipes* …………………………………………………………… 342
	175. *Lactifluus glaucescens* ……………………………………………………… 344
	176. *Lactifluus pilosus* …………………………………………………………… 346

花耳纲 Dacrymycetes ……………………………………………………………………… 348

　　木耳目 Auriculariales …………………………………………………………………… 348

　　　　木耳科 Auriculariaceae ……………………………………………………………… 348

　　　　　　177. *Auricularia auricula-judae* …………………………………………… 348

　　　　　　178. *Auricularia cornea* …………………………………………………… 350

　　花耳目 Dacrymycetales ………………………………………………………………… 352

　　　　花耳科 Dacrymycetaceae …………………………………………………………… 352

　　　　　　179. *Dacryopinax spathularia* ……………………………………………… 352

主要参考文献 ……………………………………………………………………………… 355

中文名称索引 ……………………………………………………………………………… 359

拉丁学名索引 ……………………………………………………………………………… 367

子囊菌门
Ascomycota

锤舌菌纲 Leotiomycetes

锤舌菌目
Leotiales

锤舌菌科 Leotiaceae

1. *Leotia marcida* Pers. （图1）

汉语名称： 凋萎锤舌菌。其他名称如黄柄胶锤舌菌、黄柄胶地锤菌和黄柄锤舌菌等。

形态特征： 子实体（子囊果）高1.5～6 cm，头部扁状，半球形，呈不规则卷皱，粗0.5～1.8 cm，颜色为柠檬黄色至暗黄绿色。菌柄粗0.2～0.6 cm，圆柱形或稍扁，深蜜黄色，上部有细鳞。子囊棒状，长宽为（120～180）μm ×（1～1.3）μm。子囊上部的子囊孢子双行排列，直或稍弯，无隔至1～3横隔，棱形，长宽为（18～24）μm ×（5～6）μm。侧丝线形，具分枝，顶端膨大。

生态习性： 常见于高山松林、湿润的栎树、桃树和湿润的青冈林内，土生。林中地上，呈单生或群生状态。

地理分布： 全球分布：亚洲（中国）。中国分布：云南、四川和西藏等地。标本采集于龙泉山城市森林公园的石经寺管护站和长松寺管护站。

用途或危害性： 食用和药用价值不明。

子囊菌门 Ascomycota | 003

图 1 凋萎锤舌菌（*Leotia marcida*）（标尺：a～e = 1 cm。）

盘菌纲 Pezizomycetes

盘菌目
Pezizales

裂杯菌科 Chorioactidaceae

2. *Trichaleurina tenuispora* M. Carbone, Yei Z. Wang & Cheng L. Huang （图2）

汉语名称：窄孢胶陀盘菌。

形态特征：子实体（子囊盘）一般直径2～6 cm，高1～5 cm，陀螺状或倒锥形至盘状，内部似橡胶状或胶质，外侧具一层密生烟黑色绒毛。子实层体朝上，下陷成盘状，颜色为淡黄色至淡灰黄色，胶质，边缘多毛。子囊长宽为（420～500）μm ×（15～17）μm，圆柱形，8孢子。子囊孢子长宽为（27～38）μm ×（11～14）μm，椭圆形至近梭圆形，侧边不等，透明至淡褐色，有2～4油滴物。侧丝长宽为（470～580）μm ×（2.5～4）μm，丝状，近透明。有两种外侧绒毛：长细毛直径10～20 μm，圆柱形，深褐色，壁厚至1 μm，具密疣；短细毛直径5～10 μm，黄色至褐色，圆柱形，光滑，壁厚至0.5 μm，具有隔膜。

生态习性：夏末秋初时，呈散生至群生状态生于林中腐木上。

地理分布：全球分布：亚洲（中国）。中国分布：江西和四川等地。标本采集于龙泉山城市森林公园的龙泉湖管护站。

用途或危害性：可能具有毒性。

子囊菌门 Ascomycota

图 2 窄孢胶陀盘菌（*Trichaleurina tenuispora*）
（a～c：子囊果生境照；d：囊间组织；e：子囊；f～h：子囊孢子。
标尺：a～c = 1 cm；d = 50 μm；e～h = 20 μm。）

马鞍菌科 Helvellaceae

3. *Helvella tomentosa* Raddi.　　　　　　　　　　　　　　　　　　　　　　　　（图3）

汉语名称： 毛马鞍菌。

形态特征： 子实体小至中型。菌盖形状为马鞍形1～2 cm，菌盖呈浅灰色，具有白色霜状附属物。平滑，子实层面乳白色。具柄，呈圆柱状，菌柄褐色，表面具有细粉状附属物。子囊长宽为（104.9～173.3）μm ×（10.3～16.2）μm，子囊圆柱状，子囊孢子具8个，大小为18.1 × 12.3 μm，呈椭圆形，表面光滑，无色，中央具一大油滴。侧丝细长，顶端稍膨大，无分枝，具有分隔。

生态习性： 夏末秋初时，呈群生、散生状态生于林地中。

地理分布： 全球分布：欧洲和亚洲等地区。中国分布：贵州和四川等地。标本采集于龙泉山城市森林公园的长松寺管护站。

用途或危害性： 食用和药用价值不明。

子囊菌门 Ascomycota

图 3 毛马鞍菌（*Helvella tomentosa*）

（a, b: 子囊果生境照；c: 子囊果解剖照；d, e: 子囊；f, g: 侧丝；h: 子囊孢子；i: 菌柄皮层组织。标尺：a, b = 1 cm；c = 100 μm；d～g = 10 μm；i = 20 μm。）

粪壳菌纲 Sordariomycetes

肉座菌目
Hypocreales

虫草菌科 Cordycipitaceae

4. *Isaria cicadae* Miq.　　　　　　　　　　　　　　　　　　　　　　　　　　（图 4）

汉语名称： 蝉棒束孢。其他名称如蝉花等。

形态特征： 有性繁殖结构中，子座以单个或成束（2～3个）的形式，从宿主的前端自然延伸而出。虫体形状长椭圆形，微弯曲，长约 3～7 cm，直径 1～4 cm，表面颜色白色、棕黄色、淡黄色，大部为白色、黄白色、灰色菌丝所包被，头部伸出子座，内部布满白色菌丝，虫体松软。每个虫体上 1～6 个子座，分枝或不分枝，长 1～8 cm，中空，分头部和柄部。每个子座的柄上有 1～3 个头，头部膨大，顶端渐细，长椭圆形、椭圆形或纺锤形，长 5～28 mm，直径 2～8 mm，呈肉桂色，黄红色、黄白色，干燥后呈浅腐叶色，表面粉状，有时具有不孕的小分枝，表面为子囊腔向外突出的孔口，呈小点状。子座的柄部直径 1～5 mm，呈肉桂色、黄色、黄棕色，干燥后呈深肉桂色，老后褐色至黑褐色。子囊腔埋生于子座内，孔口稍突出，瓶状；子囊长宽为（200～470）μm ×（5.6～9）μm，圆柱形，顶部呈凹形增厚；子囊孢子细长丝状，多横隔，断裂后成单细胞节段，大小为（6～16）μm ×（1～1.5）μm，可生长在蝉蛹或蝉的幼虫体上。无性繁殖体：质脆，易折断。气微香，味淡。分生孢子梗瓶状，中部膨大，末端渐细或突然窄细，长 5～8 μm，直径 2～3 μm，常成丛聚生在束丝上，形如花瓣状。分生孢子长宽为（6～10）μm ×（2～3.5）μm，长椭圆形、纺锤形或窄肾形，含 1～3 脂肪滴。

生态习性： 在惊蛰后至秋初的时节最为活跃，偏好生长于苦竹林、毛竹林等潮湿环境以及针阔混交林的地面，主要寄生于多种蝉类（如蟪蛄、原白蝉、芮氏蝉等）的幼虫体内，既可散生也可群生。

地理分布： 全球分布：主要分布于亚洲，特别是中国境内。中国分布：江苏、浙江、安徽、湖北、湖南、广东、广西（如猫儿山国家级自然保护区）、四川、贵州、云南、福建及台湾等地。在四川，其分布尤为广泛，涵盖了巴中市南江县、成都市龙泉驿区和邛崃市、绵阳市涪城区以及阿坝州卧龙自然保护区等地。标本采集于龙泉山城市森林公园的鲤鱼村、斑竹村、高石岩管护站、龙泉湖管护站和长松村管护站。

用途或危害性： 该菌因其独特的药用特性而备受瞩目，其药性偏寒，口感甘甜且安全无毒，展现出多方面的药理效用。它能有效缓解痉挛症状，同时兼具疏散风热、促进疹子透发、明目清肝及镇惊安神的显著效果。其内含的丰富有效成分，如甘露醇等，不仅具有显著的利尿作用，还能促进血液循环，增进人体健康。在培育方式上，该菌易于通过液体深层培养技术进行规模化生产。这种菌物的综合药用与易培养特性，使其在中医药及健康保健领域具有广泛的应用前景。

图 4　蝉棒束孢（*Isaria cicadae*）（标尺：b, c = 1 cm；d = 0.5 cm。）

炭角菌目
Xylariales

炭团菌科 Hypoxylaceae

5. *Daldinia concentrica* (Bolton) Ces. & De Not. （图5）

汉语名称： 黑轮层炭壳。其他名称如轮层炭球菌和炭球菌等。

形态特征： 该菌的子座形态多变，涵盖球形至不规则形，直径与厚度范围特定，直径1.5～8 cm，厚1～3.5 cm，常单生或群聚于基物表层，表面质感从光滑到具细微凸起不等。其外观色彩随生长阶段由土褐、紫褐渐变为褐黑乃至纯黑，孢子成熟时转为黑粉状。内部结构特征显著，暗褐色中交织着黑白同心环带，层数及层厚明确，老化后层间纤维状明显，中心空洞。幼时受损可泌出液体。菌柄短小0.1～1.5 cm，直径2～7 mm，棕褐色，形态与位置固定，实心构造。子囊壳隐藏于内，形态从近球体至长卵形，表面开孔细微。子囊圆筒形，(75～85)μm×(8～10)μm，子囊8孢子结构。孢子排列有序，色彩深邃，形态介于椭圆与肾形之间，大小(11.5～17.8)μm×(5～10)μm。

生态习性： 从春到冬，该菌常见于阔叶林内的伐后残桩或直立树木根部的腐朽木材表面，它们可能单独生长，也可能聚集成群，甚至彼此交织。这些菌对树木的木质部造成广泛破坏，特别是针对杨树、柳树、桦树、椴树、胡桃、杜鹃等阔叶树种，以及枯木、倒木、各类木桩和建筑用木材，引发显著的白色腐朽现象。同时，它们也频繁出现在用于栽培银耳、木耳、香菇、灵芝等食用菌的椴木上，被视为影响食用菌纯度的"非目标菌种"或"杂菌"，对食用菌的培育构成一定挑战。因此，在相关农业和林业管理中，需采取适当措施以减少其影响。

地理分布： 全球分布：多分布于亚洲（中国）。中国分布：广东、广西、海南、江苏、江西、福建、湖北、湖南、四川、贵州、云南、西藏、台湾、陕西和海南等地。在四川，成都市龙泉驿区、金堂县，德阳市中江县、绵竹市，绵阳市涪城区、游仙区、安州区和北川县等地均有发现。标本采集于龙泉山城市森林公园的石经寺管护站。

用途或危害性： 有一定毒性，主要用于治疗如惊风等特定病症，显示出其独特的药用价值。然而，在食用菌如香菇、木耳的栽培过程中，由于其可能对主要食用菌的生长产生不利影响，因此常被识别并作为杂菌进行处理，以确保食用菌的产量和品质。

子囊菌门 Ascomycota | 011

图 5　黑轮层炭壳（*Daldinia concentrica*）（标尺：a～c = 1 cm。）

6. *Hypoxylon haematostroma* Mont. （图6）

汉语名称：红炭团菌。

形态特征：子座大小为（15～70）mm×（10～30）mm，扁平到粉状，亮橙色，内生瘤具橙色颗粒；子座内部（1.2～1.8）mm×（0.2～0.3）mm，管状，脐孔，在10%KOH溶液中脱落橙色色素，接触1 min后不变；子囊长宽为（150～220）μm×（5～90）μm，圆柱形，单生，8孢子；子囊孢子长宽为（13～17）μm×（7～8）μm，椭圆体，不等边，端部圆形，深棕色。

生态习性：夏季时，作为一种腐生菌，常腐生于树木上。

地理分布：全球分布：墨西哥和中国等国家。中国分布：四川和重庆等地。标本采集于龙泉山城市森林公园的石经寺管护站。

用途或危害性：食用和药用价值不明。潜在的林木腐朽病菌，可以引起木材腐朽。

子囊菌门 Ascomycota | 013

图 6 红炭团菌（*Hypoxylon haematostroma*）（标尺：a～c = 1 cm。）

炭角菌科 Xylariaceae

7. *Xylaria apiculata* Cooke （图7）

汉语名称：锐顶炭角菌。

形态特征：子座形态单根或者分枝，圆锥形或者长圆柱形，顶端常有细小的不育尖端，全长4～36 mm，宽0.5～3 mm；表面呈现黑色，有隆起和凹陷，微呈串珠状，孔口肉眼勉强可见；内部白色，充实；柄为黑色，表面光滑，略扭曲，覆有短绒毛，基部略膨大，长0.3～5 cm，宽1～2 mm。子囊壳形态多样，有椭圆形、近球形或者卵圆形，长440～640 μm，宽350～490 μm；孔口锥形，肉眼可见。子囊呈圆柱形，8孢子，单行排列，有孢子部分长为105～120 μm，顶环在梅尔泽（Melzer）试剂中呈蓝色，矩形或者倒帽状，长2～3 μm，宽1～2 μm。子囊孢子为浅褐色或者褐色，单胞，形状为等边或者不等边的椭圆形，两端圆钝，（12～20）μm ×（4～7）μm。芽缝直，与孢子长度相等。

生态习性：为一种常见的腐生菌，常生于腐木上。

地理分布：全球分布：热带、亚热带和温带地区，如中国、印度尼西亚、南非、新西兰、巴布亚新几内亚、美国、圭亚那、巴西、特立尼达和多巴哥、委内瑞拉等国家。中国分布：四川、云南、贵州、河北、广东、广西、江西和福建等地。标本采集于龙泉山城市森林公园的高石岩管护站。

用途或危害性：食用和药用价值不明。潜在的林木腐朽病菌，可以引起木材腐朽。

子囊菌门 Ascomycota | 015

图 7 锐顶炭角菌（*Xylaria apiculata*）（标尺：a～c = 1 cm；d = 0.5 cm。）

8. *Xylaria berteroi* (Mont.) Cooke ex J.D. Rogers & Y.M. Ju （图8）

汉语名称：伯特氏炭角菌。

形态特征：子座形态为单根，不分枝或者分枝，圆柱形，扭曲的扁平状，顶端圆钝或略尖，高0.7～2 mm，宽0.2～3 cm；表面黑色，有细密网状裂隙，乳突状孔口的凸起造成其粗糙不平；内部黄白色，状态充实；柄为黑色，沿纵向有浅凹条纹，基部略膨大，长3～17 mm，宽1～3 mm。子囊壳形态为圆柱形、近椭圆形或近球形，长540～600 μm，宽290～460 μm；孔口圆锥状或乳突状。子囊圆柱形，8孢子，单行排列，有孢子部分长110～140 μm，顶环在Melzer试剂中呈蓝色，矩形或者梯形，长2 μm，宽1 μm。子囊孢子为浅褐色或褐色，单胞，形态为不等边椭圆形，一端圆钝，另一端略尖，大小为（15～20）μm ×（5～7.5）μm。芽缝斜或者呈螺旋形，长度比孢子短得多。

生态习性：常生于阔叶树枯木和树皮上，以营腐生生活。

地理分布：全球分布：热带和亚热带地区，如中国和委内瑞拉等国家。中国分布：广东、云南和四川等地。标本采集于龙泉山城市森林公园的凤光寺管护站。

用途或危害性：食用和药用价值不明。潜在的林木腐朽病菌，可以引起木材腐朽。

子囊菌门 Ascomycota

图 8　伯特氏炭角菌（*Xylaria berteroi*）（标尺：a～c = 1 cm。）

9. *Xylaria filiformis* (Alb. & Schwein.) Fr. （图9）

汉语名称：绒座炭角菌。

形态特征：子座线形，长 2.5～7 cm，宽不超过 1 mm，顶端常有线状的不孕长尖端；表面呈黑色，子囊壳有明显突起；内部白色，充实；柄较长，黑色，光滑。子囊壳椭圆形或球形，直径 300～450 μm；乳突状孔口。子囊呈圆柱形，8 孢子，单行排列，有孢子部分长 56～72 μm，顶环在 Melzer 试剂中呈蓝色，矩形或者倒帽状，长 2～3 μm，宽 1～2 μm。子囊孢子浅褐色或者褐色，单胞，不等边椭圆形，两端圆钝或者一端有乳突，大小为（11～15）μm ×（5～6）μm。芽缝直，与孢子等长。

生态习性：常生于腐木上，营腐生生活。

地理分布：全球分布：中国、印度尼西亚、菲律宾、印度、德国、瑞士、英国、法国、西班牙、塞拉利昂、乌干达、刚果、南非、巴布亚新几内亚、墨西哥、古巴、特立尼达和多巴哥、法属圭亚那和巴西等国家和地区。中国分布：吉林、云南和四川等地。标本采集于龙泉山城市森林公园的四方山管护站。

用途或危害性：食用和药用价值不明。潜在的林木腐朽病菌，可以引起木材腐朽。

子囊菌门 Ascomycota | 019

图 9　绒座炭角菌（*Xylaria filiformis*）（标尺：a～c = 1 cm。）

10. *Xylaria hypoxylon* (L.) Grev. （图10）

汉语名称： 团炭角菌。其他名称如鹿角炭角菌和炭角菌等。

形态特征： 子实体较小，黑褐色或黑色；子座通常呈单生或丛生状态，刚开始近圆柱形，后变平，分枝成鹿角状，上部稍扁或者圆，顶端有不孕小尖，长（2.5～8）cm，宽（2～5）mm；表面为黑灰色，有剥离层，颜色为白色，白色通常存留；内部为白色，充实；柄有长有短，呈黑褐色，长 0.8～1 mm，宽 1～2.5 mm，后期上部形成子囊壳。子囊壳为黑色，形态近球形或者椭圆形，直径 300～600 μm。具乳突状孔口。子囊形态为圆柱形或长棒状，子囊孢子 8 个单行排列，有孢子部分（70～150）μm ×（5～8）μm，顶环在 Melzer 试剂中呈蓝色，矩形，高 2～3 μm，宽 1.5～2.5 μm，侧丝细长，顶部稍膨大。子囊孢子呈浅褐色、褐色或者黑色，为不等边的椭圆形，两端圆钝，光滑，无隔，大小为（10～15）μm ×（5～6）μm。芽缝直，比孢子稍短。

生态习性： 夏、秋季节，呈群生或近丛生状态生于林中腐木或土中埋木上，在倒腐木或树桩上。

地理分布： 全球分布：中国、巴布亚新几内亚、墨西哥、古巴、特立尼达和多巴哥、菲律宾、印度尼西亚、印度、德国、瑞士、英国、法国、西班牙、塞拉利昂、乌干达、刚果、南非、法属圭亚那和巴西等国家和地区。中国分布：广东、香港、云南、西藏、福建、浙江、江西、安徽和四川等地。标本采集于龙泉山城市森林公园的四方山管护站和天鹅岭管护站。

用途或危害性： 食用和药用价值不明。可能含有一些活性代谢产物，如等解素（Isoochracein）等。

子囊菌门 Ascomycota | 021

图 10　团炭角菌（*Xylaria hypoxylon*）（标尺：a～d = 1 cm。）

11. *Xylaria melanaxis* Ces. （图 11）

汉语名称：黑轴炭角菌。

形态特征：子座圆柱状梭形，高达 10 cm，宽 4 mm；表面白色至黄白色，粗糙褶皱；内部为黑色。柄有长有短，有假根。子囊壳直径 200 μm。具乳突状孔口。子囊为圆柱形，大小为 50 μm × 4 μm，有孢子部分长 25 μm，顶环在 Melzer 试剂中呈蓝色，楔形，小。子囊孢子褐色，不等边，阔椭圆形，大小为（4.5～5）μm ×（2～3.2）μm。芽缝呈孔状。

生态习性：呈群生或近丛状态生于林间的地上。

地理分布：全球分布：亚洲（中国）。中国分布：台湾和四川等地。标本采集于龙泉山城市森林公园的四方山管护站。

用途或危害性：食用和药用价值不明。潜在的林木腐朽病菌，可以引起木材腐朽。

子囊菌门 Ascomycota | 023

图 11 黑轴炭角菌（*Xylaria melanaxis*）（标尺：a～c = 1 cm。）

12. *Xylaria mianyangensis* Y.M. Ju, H.M. Hsieh & X.S. He （图 12）

汉语名称：绵阳炭角菌。

形态特征：子座稍扁平，高 2.0～5.5 cm，不分枝或偶尔分枝，尖端宽圆角状至窄圆角状，柄上无毛，根基部弯曲，长 1.0～3.5 cm，宽 4～12 mm，表面黑棕色至黑色，表皮上有轻微的隆起，褶皱，后期开裂，外层黑色薄层，厚 20～30 μm；内部白色，均匀，柔软。子囊壳球形，直径 500～600 μm，较浅的区域具有凹锥形小孔，大小为（100～120）μm ×（150～180）μm。子囊 8 孢子单行排列，圆柱形，总长度 70～90 μm，有孢子部位（50～55）μm ×（4.5～5.5）μm，顶端倒帽状在 Melzer 试剂中呈浅蓝色的环，高 1.5～2 μm，宽 2～2.5 μm。子囊孢子椭球形，棕色至黑棕色，单细胞，不等边，端圆，光滑，大小为（7～9）μm ×（3.5～4.5）μm，孢子外壁光滑。芽缝直，比孢子稍短。分生孢子，透明，光滑，倒卵球形至短棒状，大小为（3.5～5.5）μm ×（1.5～2.5）μm。

生态习性：常见于柏、松林等林地上。

地理分布：全球分布：中国。中国分布：四川等地，如绵阳市的游仙区和涪城区。标本采集于龙泉山城市森林公园的四方山管护站和大河坝管护站。

用途或危害性：具有一定药用价值，被认为是传统的中药。

图 12 绵阳炭角菌（*Xylaria mianyangensis*）（标尺：a～f = 1 cm。）

担子菌门
Basidiomycota

伞菌纲 Agaricomycetes

伞菌目
Agaricales

伞菌科 Agaricaceae

13. *Agaricus campestris* L. （图13）

汉语名称：蘑菇。其他名称如四孢蘑菇等。

形态特征：子实体（担子果）新鲜时肉质，无嗅无味，干后易碎。菌盖直径为3～13 cm，初期扁半球形，成熟后近平展至近圆形，中部或显凹陷，色泽自洁白至乳白，表面光滑，后期可能覆盖丛毛状鳞片，干燥状态下边缘易产生裂纹。菌肉新鲜为白色，质地厚实，干后软木栓质。菌褶初呈粉色，渐变为红褶色至深褐色，排列紧密且不等长，为离生状态。脆质，易碎。菌柄短而粗壮，呈圆柱形，中心生长，色泽洁白，有时略显弯曲。纤维质，长1～9 cm，粗0.5～2 cm，菌柄表面近乎光滑，偶见细微纤毛。其上附有单层白色菌环，呈膜质，恰好位于菌柄的中部，易脱离。担子为棍棒状，具4担子小梗，在基部具一简单分隔，大小为（26～30）μm ×（7～10）μm。担孢子形态多变，从椭圆形到广椭圆形皆有，色泽范围涵盖灰褐色至暗黄褐色，薄壁至厚壁，光滑，大小为（6.5～10）μm ×（4.5～6）μm。菌肉内的菌丝呈无色透明状，壁薄且分枝较少，形态弯曲，部分菌丝发生膨胀，彼此紧密交织，直径主要集中在4.5～9 μm之间，而膨胀的菌丝直径可显著增大至32 μm。菌髓中的菌丝同样无色薄壁，但分枝程度适中，略呈弯曲状，排列方式或为规则交织，或为疏松状，直径范围约为3.5～8 μm，部分膨胀菌丝的直径可扩展至20 μm。这些菌丝在经Melzer试剂和棉蓝试剂处理时均不发生颜色变化，且在KOH试剂中组织形态保持稳定。此外，子实层内未见囊状体结构。

生态习性：春季到秋季均能生长，单生或群生于林间的空地、草地、路旁、田野和堆肥场等，在雨后的几天内大量出现。

地理分布：全球分布：亚洲（中国）。中国分布：山西、山东、甘肃、新疆、四川、云南、黑龙江、吉林、辽宁、河北、江苏、陕西、福建和台湾等地。标本采集于龙泉山城市森林公园的元包村。

用途或危害性： 可食用，同时也具有一定的药用价值。

图 13　蘑菇（*Agaricus campestris*）（标尺：a～c = 3.5 cm。）

14. *Agaricus memnonius* M.Q. He & R.L. Zhao （图 14）

汉语名称： 玄青蘑菇。

形态特征： 子实体（担子果）中型，菌盖直径 5 cm，平展至中间凹陷，菌盖中央颜色为黑色至黑棕色，稍凹陷，边缘直；表面干燥，白色本底具有黑棕色丝状鳞片，鳞片三角形，贴伏，在菌盖中心密度极大，并向边缘分散。菌褶宽可达 3 mm，离生，拥挤，粉红色，边缘均匀。菌环上位，双层结构，质地为膜质，颜色为白色，上侧光滑，下侧齿轮状，白色，边缘浅棕色。菌柄大小为 57 × 5 mm（基部 8 mm），颜色为白色，菌柄中空，圆柱状，基部稍球形，表面干燥，光滑，丝滑。菌肉质地为肉质，白色，气味未知。担子大小为（15～19.5）μm ×（6.5～9.3）μm，棒状，透明，4 担子，光滑。担孢子大小为（4.5～5.3）μm ×（3.3～4.1）μm，椭球体，光滑，厚壁，棕色。无侧生囊状体。菌盖表面囊状体不是很明显，可以是单裂和多裂的，末端单元棒状，圆柱形，大小为（12.1～24.8）μm ×（6.9～13.7）μm。直径 4.6～14.4 μm 的菌丝组成了菌盖皮层，光滑，圆柱形，在隔膜处稍微收缩，浅棕色或棕色。

生态习性： 夏季期间，单生于竹林空地上，或湿润的阔叶林地中。

地理分布： 全球分布：中国。中国分布：四川等地，如攀枝花市米易县。标本采集于龙泉山城市森林公园的高石岩管护站。

用途或危害性： 有毒，误食导致胃肠炎型中毒。

图14 玄青蘑菇（*Agaricus memnonius*）（标尺：a～c = 1 cm。）

15. *Agaricus moelleri* Wasser （图 15）

汉语名称： 细褐鳞蘑菇。其他名称如丛毛蘑菇和灰鳞蘑菇等。

形态特征： 子实体（担子果）中型。菌盖直径约为 6～7 cm，形态自扁平逐渐展开，中央微凸，初时污白，成熟后转为淡粉色，表面覆盖灰色至深灰鳞片，中央区域近黑色。菌肉洁白，菌褶初显粉红，后转变为粉褐色，且为离生状态。菌柄细长，长约 6～7 cm，直径 5～8 mm，圆柱形，基部略显球形并带有边缘，通体洁白，内部肉质泛黄。菌环位置偏高，介于上位至中位之间，污白色且膜质，规模较大。各部位在受损后均会呈现黄色。担子尺寸约为（18～20）μm ×（6～7）μm。担孢子则为椭圆形，表面光滑，褐色，大小范围在大小为（4.5～5.5）μm ×（3～3.5）μm。

生态习性： 夏秋季期间，单生或群生常生于阔叶林中的地上。

地理分布： 全球分布：意大利、中国、韩国、印度等国家。中国大部分地区有分布。标本采集于龙泉山城市森林公园的大河坝管护站、林家坪管护站和龙泉湖管护站。

用途或危害性： 有毒，即使煮熟后食用也能引起胃肠炎等症状。

图 15 细褐鳞蘑菇（*Agaricus moelleri*）（标尺：a～d = 1 cm。）

16. *Agaricus porphyrizon* P.D. Orton （图 16）

汉语名称： 紫肉蘑菇。

形态特征： 子实体（担子果）体型小至中等，菌盖直径 5 ~ 8 cm，初期呈半球状，随后演变为凸镜形直至平展，中心偶有凹陷，表面覆盖着不易脱落的暗红与粉棕色鳞片，成熟时色泽略减，边缘向内卷曲并伴有开裂现象。菌肉厚实，色泽洁白，伴有杏仁香气。菌褶为离生结构，幼时洁白，成熟后转为灰色至紫黑色，边缘呈锯齿状且排列紧密。菌柄为白色圆柱形，长 5 ~ 8 cm，直径 5 ~ 10 mm，自基部逐渐增粗，成熟后内部形成空心。菌环位于上方，白色且膜质。担孢子形态椭圆，表面光滑，颜色从棕色到棕紫色不等，大小为（5 ~ 6.5）μm ×（3.5 ~ 4.5）μm。

生态习性： 夏秋季期间，单生或丛生状态生于林地或公园之中。

地理分布： 全球分布：欧洲和亚洲等地区。中国分布：东北、华北和西南等地区。标本采集于龙泉山城市森龙公园的大河坝管护站、林家坪管护站和天鹅岭管护站。

用途或危害性： 具有一定毒性。

担子菌门 Basidiomycota 035

图 16 紫肉蘑菇（*Agaricus porphyrizon*）（标尺：a～d = 1 cm。）

17. *Chamaemyces fracidus* (Fr.) Donk　　　　　　　　　　　　　　　（图 17）

汉语名称： 露矮菇。其他名称如露伞等。

形态特征： 子实体（担子果）体型小巧至中等，菌盖直径 3～5 cm，初期呈半球形，后期逐渐展平，中心部位略微凸起，颜色从浅黄、米黄过渡到黄褐色，表面无鳞片覆盖，湿润时略带黏性，边缘部分可能呈现辐射状皱纹。菌肉色泽自白色渐变至米色。菌褶密集且不等长，颜色由白色至米黄色不等，为离生结构。菌柄长约 4～6 cm，直径 0.5～0.8 cm，接近圆柱形，菌环下方附有细小褐色鳞片，而菌环上方则洁白光滑，整体略显中空。菌环位置偏上，形态薄而窄。菌褶菌髓结构规则，由无色菌丝组成，直径范围在 3～10 μm 之间，菌丝横隔上存在锁状联合现象。担子形态为棒状，大小为（15～20）μm×（5～6）μm，具备四担子结构，孢梗长约 2～3 μm，担子基部横隔上也可见锁状联合。担孢子呈椭圆形至宽椭圆形，孢子大小为（3.5～4.5）μm×（2.5～4）μm，无色透明，壁薄光滑，双核，不含淀粉质及类糊精质，无芽孔，遇甲酚蓝试剂时孢壁会呈现红色，且小尖部分细小。此外，侧生囊状体和褶缘囊状体较为常见，形态近似梭形至棒状，大小为（50～80）μm×（12～17）μm，内部常含有反光性的黄色至淡黄色物质，基部同样存在锁状联合。菌盖表皮厚度在 30～60 μm 之间，由排列成子实层状的棒状至宽棒状细胞组成，细胞大小为（20～55）μm×（5～14）μm，内含金黄色至黄褐色的色素。担子果的各部分均展现出锁状联合的特征。

生态习性： 夏秋季期间，单生状态常生于林中地上或草地上。

地理分布： 全球分布：北美洲、欧洲和亚洲。中国分布：北京、西藏（昌都）和四川等地。标本采集于龙泉山城市森林公园的高石岩管护站和石经寺管护站。

用途或危害性： 食用和药用价值不明。

担子菌门 Basidiomycota

图 17 露矮菇（*Chamaemyces fracidus*）（标尺：a～d = 1 cm。）

18. *Coprinus comatus* (O.F. Müll.) Pers. （图 18）

汉语名称：毛头鬼伞。

形态特征：子实体（担子果）小至中型。菌盖直径 3～6 cm，幼时圆筒形，后呈钟形，最后平展；初白色，有绢丝样光泽，顶部淡土黄色，光滑，后渐变深色，表皮开裂成平伏而反卷的鳞片；边缘具细条纹，有时呈粉红色。菌肉白色，中央厚，四周薄。菌褶初白色，后变为粉灰色至黑色，后期与菌盖边缘共自溶为墨汁状。菌柄长 7～25 cm，直径 1～2 cm，圆柱形，基部纺锤形并深入土中，光滑，白色，空心，近基部渐膨大并向下渐细。菌环白色，膜质，后期可以上下移动，易脱落。担孢子大小为（12.5～19）μm ×（7.5～11）μm，椭圆形，光滑，黑色。

生态习性：夏秋季期间，生于草地、林中空地、路旁或田野上，单生或群生。

地理分布：世界广布。中国分布：东北、华北和华中等地区。标本采集于龙泉山城市森林公园的龙泉湖管护站。

用途或危害性：幼时可以食用，已可人工栽培。

担子菌门 Basidiomycota | 039

图18 毛头鬼伞（*Coprinus comatus*）（标尺：a～c = 1 cm。）

19. *Leucoagaricus centricastaneus* (Y.R. Ma, Z.W. Ge & T.Z. Liu) M. Asif, Saba & Vellinga （图19）

汉语名称：栗色白环蘑。

形态特征：子实体（担子果）中型。菌盖直径1.5～3.1 cm，白色，幼时卵球形，后变凸起到扁平，菌盖中部成熟时为栗色，无毛，放射状或纤维状，成熟时边缘通常具细毛，具有菌环残留的附属物。菌肉白色，薄，伤不变色。菌褶离生，拥挤，白色。菌柄长宽为（27～38）mm×（3～7）mm，近圆柱形，白色，菌环上方光滑至丝滑，菌环下方有白色、微小或原纤维鳞片。菌环白色，膜质，位于菌柄中上部。味道与气味未知。担子大小为（16.0～20.5）μm×（7.0～9.5）μm，棍棒状，透明质，4孢子结构。担孢子大小为（6.0～7.5）μm×（4.5～5.0）μm，侧视为椭球体，偶为宽椭圆形或延长；正视为椭球体；无生殖孔，透明，壁稍厚，糊精质，在甲酚蓝中不变色。盖表囊状体，大小为（29.0～42.0）μm×（8.0～12.5）μm，多数为狭长棍棒状，偶有收缩的顶端。侧生囊状体缺失。菌髓层状，具横隔。菌盖表皮细胞由5.0～13.0 μm宽的菌丝组成，近圆柱形，薄壁，透明。菌柄表皮细胞由近圆柱形菌丝组成，宽度4.0～8.5 μm，细胞内有黄色色素。担子果的所有部分都没有锁状联合结构。

生态习性：夏季期间，常单生、散生于林地之中。

地理分布：全球分布：中国。中国分布：内蒙古（赤峰市）和辽宁等地。标本采集于龙泉山城市森林公园的高石岩管护站。

用途或危害性：食用和药用价值不明。

图 19 栗色白环蘑（*Leucoagaricus centricastaneus*）（标尺：a～d = 1 cm。）

20. *Leucoagaricus cinerascens* (Quél.) Bon & Boiffard. （图 20）

汉语名称：灰褐白环蘑。

形态特征：子实体（担子果）为小型，菌盖直径约为 2 ~ 2.5 cm。初期，菌盖呈球形或圆形，通体洁白，中部偶尔出现浅褐色凹陷，菌肉同样为白色。菌褶紧密排列，颜色洁白，长度不等且为离生结构。菌柄自基部稍许膨大，向上逐渐细化为圆柱形，内部中空，整体呈白色。

生态习性：夏季期间，常呈群生或单生状态生于林地之中。

地理分布：全球分布：亚洲和欧洲。标本采集于龙泉山城市森林公园的四方山管护站和凤光寺管护站。

用途或危害性：食用和药用价值不明。

担子菌门 Basidiomycota

图20 灰褐白环蘑（*Leucoagaricus cinerascens*）（标尺：a～c = 1 cm。）

21. *Leucoagaricus rubrobrunneus* (E.F. Malysheva, Svetash. & Bulakh) M. Asif, Saba & Vellinga （图21）

汉语名称： 红盖白环蘑。其他名称如玫色白环蘑、红棕色白环蘑等。

形态特征： 子实体（担子果）小型。菌盖直径 0.7～1.7 cm，幼时半球形至钟状，边缘稍弯曲，扩展至平凸；表面具鳞状纤维，红棕色或砖红色鳞状，中心呈放射状排列，密，边缘稀疏，稍浅，白色。薄片适度密集，离生，淡奶油色到淡黄色，边缘单色；菌柄大小为（2.5～4.5）cm ×（0.2～0.4）cm，向下均匀加厚，具明显的球状基部，宽可达 1 cm，中空，白色。菌环宿存，贴生于中部或顶部，膜质，狭窄，白色。菌肉白色，伤不变色。气味模糊。担子顶端着生 4 孢子，大小为（18～30）μm ×（6.5～8）μm，宽棍棒形，具明显的内侧收缩。担孢子大小为（5～5.7）μm ×（3.2～4.3）μm，宽椭球形至长圆形，罕见微杏仁状，正面与侧面卵圆形，无芽孔，透明，光滑，壁较厚，强糊精质，粘连性强。褶缘囊状体大小为（30～40）μm ×（9.5～13）μm，边缘片状，长柄短，先端钝或宽梭形，基部狭窄，透明，薄壁。

生态习性： 夏秋季期间，常呈单生或群生状态生于针阔混交林、松木阔叶林（含冷杉、栎等）中的地上。

地理分布： 全球分布：东亚和北美洲。中国分布：黑龙江（凉水自然保护区）、贵州和四川等地。标本采集于龙泉山城市森林公园的凤光寺管护站和高石岩管护站。

用途或危害性： 食用和药用价值不明。

担子菌门 Basidiomycota | 045

图 21 红盖白环蘑（*Leucoagaricus rubrobrunneus*）（标尺：a～f = 1 cm。）

22. *Leucoagaricus serenus* (Fr.) Bon & Boiffard. （图22）

汉语名称：丝绸白环蘑。

形态特征：子实体（担子果）小至中型。菌盖直径 2～6 cm，初期，菌盖半球形，后逐渐平展，直至反卷呈碗状，菌盖白色，表面有丝绸光泽。菌褶白色，离生，稀疏，等长，有小菌褶。菌柄圆柱状，中生，实心，呈纤维状，菌柄基部稍有膨大。

生态习性：夏季期间，常单生于路边或林地内。

地理分布：全球分布：北美洲、欧洲和亚洲。中国分布：四川等地。标本采集于龙泉山城市森林公园的林家坪管护站。

用途或危害性：食用和药用价值不明。

图22 丝绸白环蘑（*Leucoagaricus serenus*）（标尺：a～d = 1 cm。）

23. *Leucoagaricus subcrystallifer* Z.W. Ge & Zhu L. Yang （图 23）

汉语名称：近晶囊白环蘑。

形态特征：子实体（担子果）体型小至中等，菌盖直径 3～5 cm。初期，菌盖近似卵球形，随后逐渐展平为平凸形，成熟后近乎平展，边缘轻微反卷。菌盖底色接近白色，表面覆盖着纤丝状的淡灰色至淡紫色鳞片，中央区域则呈现浅黑灰色的钝凸。菌肉为白色，质地较薄，受伤后颜色不变，味道清淡。菌褶密集且不等长，离生，初时白色，干燥后转为近白色至奶油色。菌柄直径 0.4～0.8 cm，长 5～7 cm，近棒状，自基部向上逐渐收窄，通体白色且光滑。菌环为白色膜质，通常位于菌柄的中部到上部，多数情况下能够保持完整。孢子印为白色。担子形态为棒状，担子大小为（22～27）μm ×（9～11）μm，通常具有 4 孢梗，极少数情况下为 2 孢梗。担孢子侧面呈杏仁形至卵形，担孢子大小为（7～9）μm ×（5～6）μm，无色，表面光滑，壁略厚，具有类糊精质特性，遇到刚果红试剂会变红，同时在甲酚蓝试剂中内壁会显现红色，无芽孔。菌盖表面由近平伏且辐射状排列的菌丝组成，菌丝直径多在 4～7 μm 之间，接近薄壁且无色。褶缘囊状体多为窄纺锤形，少数近棒状，极少数中部略有缢缩，大小范围在（25～46）μm ×（7～10）μm，壁稍厚，外表附有细小晶粒，中下部则接近无色透明，常密集排列形成不育的褶缘。该子实体中未发现侧生囊状体。

生态习性：夏秋季期间，呈单生或散生状态常生于针叶林中地上，营腐生生活。

地理分布：全球分布：亚洲（中国）。中国分布：四川（甘孜州炉霍县）等地。标本采集于龙泉山城市森林公园的四方山管护站。

用途或危害性：食用和药用价值不明。

担子菌门 Basidiomycota 049

图 23 近晶囊白环蘑（*Leucoagaricus subcrystallifer*）（标尺：a～d = 1 cm。）

24. *Leucoagaricus subpurpureolilacinus* Z.W. Ge & Zhu L. Yang　　（图24）

汉语名称：近丁香紫白环蘑。

形态特征：子实体（担子果）体型小至中等，菌盖直径 3 ～ 7 cm。初期呈卵球状或椭圆形，成熟后逐渐变为平凸至平展形态，颜色由浅棕色过渡到棕灰色。菌盖表面表皮常发生径向撕裂，形成覆瓦状的鳞片，这些鳞片下露出近白色的菌盖本底。鳞片呈纤丝状平伏，颜色从褐色、红褐色到暗褐色不等，部分形成小片状或毡斑状，中央区域常具有暗褐色的钝凸。菌肉为白色，受伤后不变色，且无明显气味和味道。菌褶离生，密集且不等长，颜色为白色，伴有小菌褶。菌柄长 7 ～ 11.5 cm，直径 0.3 ～ 1 cm，接近棒状，自基部向上逐渐细化，内部中空且纤维质，表面光滑洁白。菌环位于菌柄上方，为白色膜质结构，下半部紧贴着菌柄，上缘外侧则呈现褐色至暗褐色，通常能够宿存。该子实体的菌丝横隔上无锁状联合现象。孢子印为白色。担子形态接近棒状，担子大小为（16 ～ 25）μm ×（6 ～ 9）μm，无色，具备 4 孢梗，无拟侧胞结构。担孢子形态多样，担孢子大小为（7.5 ～ 11.5）μm ×（4.5 ～ 7）μm，侧面呈杏仁形至长卵圆形，极少数为柠檬形，背腹观则接近卵圆形，无芽孔，表面光滑，壁厚约 0.5 μm，具有强类糊精质特性，在 5% 的 KOH 溶液中呈无色透明状，遇刚果红试剂会变红，内壁在甲酚蓝试剂中同样会变红。菌盖表面的鳞片由近平伏的薄壁菌丝组成，菌丝直径在 5 ～ 10 μm 之间，壁薄且含有褐黄色胞内色素，部分菌丝的外壁上还附着有黄褐色色素颗粒。褶缘囊状体大小在（30 ～ 53）μm ×（10 ～ 16）μm 之间，无色透明且壁薄，常密集排列成簇，形态多为棒状，少数为纺锤形，外表面近顶部常覆盖有一层近胶质的物质，其间散布着小晶粒。该子实体中缺乏侧生囊状体。

生态习性：呈单生或散生状态生于针叶林中的地上。

地理分布：全球分布：亚洲（中国）。中国分布：云南（昆明）和四川等地。标本采集于龙泉山城市森林公园的凤光寺管护站、林家坪管护站和四方山管护站。

用途或危害性：食用和药用价值不明。

图 24 近丁香紫白环蘑（*Leucoagaricus subpurpureolilacinus*）（标尺：a～d = 1 cm。）

25. *Leucoagaricus tener* (P.D. Orton) Bon （图 25）

汉语名称：娇柔白环蘑。

形态特征：子实体（担子果）为小型，菌盖直径约为 2 cm，形态扁平至钝圆锥形，颜色从白色渐变至污白色，表面覆盖有灰褐色至近黑色的鳞片。菌盖中央区域几乎无脐突，可能稍凸起或不凸起，颜色为暗灰褐色至近黑色，小鳞片向边缘撕裂，排列成近同心环状。菌褶为离生结构，乳白色，紧密排列且长度不等。菌柄长 3 cm，直径 0.3 cm，接近圆柱形，自基部向上逐渐增粗，内部中空，基部显著膨大，颜色为污白色，并在基部附有近灰色的鳞片。菌环位于菌柄上方，上表面接近白色，下表面则带有灰褐色鳞片，这些鳞片容易撕裂并脱落。

担子的形态为棒状，担子大小为（16～25）μm ×（7～10）μm，每个担子具有 4 个孢梗，孢梗长度约为 5 μm。担孢子大小为（5～8）μm ×（3.5～6）μm，侧面观察时接近球形或椭圆形，上脐部不凹陷，腹部平直或微鼓，顶部呈钝圆状，无芽孔；背腹观同样为近球形或椭圆形，无色透明，表面光滑，具有拟糊精质特性。在刚果红溶液中，担孢子会变为淡红色至红色，遇到甲酚蓝溶液时则变为紫红色，且侧生小尖轻微凸出。

菌盖表面的鳞片由栅状排列的菌丝组成，但这些菌丝在生长过程中常出现倒伏和分枝现象。末端细胞大小为（9～53）μm ×（6～10）μm，形态接近圆柱形，无明显分化，含有淡黄褐色的胞内色素。菌丝之间形成网结结构。褶缘囊状体的大小为（27～43）μm ×（5～9）μm，形态包括近圆柱形、窄棒状和纺锤状，无色透明，在刚果红溶液中会变为浅砖红色，常密集排列形成不育的褶缘。该子实体中缺乏侧生囊状体和锁状联合结构。

生态习性：夏秋季期间，呈群生，腐生或土生状态生于落叶林或针叶林的地上。在高海拔地区的云杉林中亦可生长。

地理分布：全球分布：欧洲和亚洲。中国分布：西藏和四川等地。标本采集于龙泉山城市森林公园的凤光寺管护站。

用途或危害性：食用和药用价值不明。

担子菌门 Basidiomycota | 053

图 25 娇柔白环蘑（*Leucoagaricus tener*）（标尺：a～d = 1 cm。）

26. *Leucoagaricus vassiljevae* (E.F. Malysheva, Svetash. & Bulakh) M. Asif, Saba & Vellinga
（图26）

汉语名称：娃氏类白环蘑。

形态特征：子实体（担子果）小型。菌盖直径1.5～4.5 cm，幼时钟状，膨大到平凸或扁平，具突出的脐突；表面覆盖鳞片，鳞片纤丝状平伏，红棕色、深红色至棕色，密集分布并在中心合并成单一斑块；在边缘表面径向裂纹，露出白色本底。菌褶密集，离生，淡奶油色或白色，与边缘颜色一致。菌肉白色，伤不变色。菌柄大小为（5～10）cm×（0.2～0.5）cm，向下加厚，基部较宽，无明显的鳞茎，中空，光滑或稍被绒毛，特别是在基部全白。菌环宿存在菌柄的上部，离生，膜质，2～3 cm，白色。担子具4孢子，大小为（17～27）μm×（6.5～8.5）μm，宽棍棒状，通常在基部狭窄成孢梗。担孢子大小为（8～13）μm×（5～6）μm，侧视呈椭圆状、杏仁状、双胞状，顶端稍凸出，正面宽椭球形至卵圆形，无芽孔，透明，光滑，略有皱纹，厚壁，强糊精状，遇甲酚蓝试剂变色。褶缘囊状体大小为（21～50）μm×（5.5～16）μm，数量多，宽棒状至窄棒状、近圆柱形，通常壁弯曲，透明，薄壁。

生态习性：常在针叶林、阔叶林混交林的土壤中生长。

地理分布：全球分布：俄罗斯和中国等国家。中国分布：四川等地。标本采集于龙泉山城市森林公园的止马店村。

用途或危害性：食用和药用价值不明。

担子菌门 Basidiomycota | 055

图 26　娃氏类白环蘑（*Leucoagaricus vassiljevae*）（标尺：a～c = 1 cm。）

27. *Leucoagaricus nivalis* (W.F. Chiu) Z.W. Ge & Zhu L. Yang （图 27）

汉语名称：雪白白环蘑。

形态特征：子实体（担子果）小至中型。菌盖直径 2.3～7.5 cm，成熟时中部凸起到平展，表面光滑到细纤维状，白色，微凸起；菌褶离生，拥挤，白色，狭长到膨大，全缘。小菌褶常见，长度可变。菌柄大小为（2～4）cm ×（0.3～0.5）cm，基部达 0.8 cm，向菌盖中央逐渐变窄，中生，有时弯生，圆柱状，光滑，白色。菌环存在，上位，白色，气味和味道未观察到。担子大小为（13.9～15.5）μm ×（5.5～6.4）μm，棒状，具 2～4 个担子小梗。担孢子大小为（8.3～12）μm ×（6.3～7.7）μm，椭球体，侧视为杏仁状，正视为卵球形，糊精质。菌褶边缘无囊状体。盖表囊状体大小为（14～14.9）μm ×（4.8～4.9）μm，棍棒状。侧生囊状体存在。菌盖菌丝 5.4～8.1 μm 宽，有隔膜，隔膜常见；菌盖中心的菌丝末端为圆柱形，5.4～6 μm 宽。菌柄菌丝 9.4～10.8 μm 宽，具隔膜，隔膜常见。所有组织中均无锁状联合。所有菌丝组织在水中透明，在刚果红溶液中呈粉红色。

生态习性：夏季期间，常单生于阔叶林之中。

地理分布：全球分布：中国和俄罗斯等国家。标本采集于龙泉山城市森林公园的高石岩管护站和林家坪管护站。

用途或危害性：食用和药用价值不明。

担子菌门 Basidiomycota 057

图27 雪白白环蘑（*Leucoagaricus nivalis*）（标尺：a～d = 1 cm。）

28. *Leucoagaricus leucothites* (Vittad.) Redhead （图 28）

汉语名称：粉褶白环蘑。

形态特征：子实体（担子果）体型小至中等，菌盖直径 5 ～ 11 cm，颜色从白色渐变至奶油色，表面光滑，偶尔会出现龟裂现象，中央部分有时可能呈现浅灰色至灰色。菌肉为纯白色。菌褶为离生结构，幼时呈白色，随着成熟逐渐变为米色或略带粉色。菌柄长 5 ～ 15 cm，直径 0.5 ～ 2 cm，形态接近圆柱形，幼时通体白色，成熟后中下部多转变为灰褐色。菌环位于菌柄中部，颜色为白色至奶油色，且不易脱落。担孢子形态为椭圆形，表面光滑，接近无色，担孢子大小为（8 ～ 9）μm ×（5.5 ～ 6.5）μm，具有拟糊精质特性。

生态习性：夏秋季期间，常呈单生或群生状态生于林中地上、林缘草地上或草地上。

地理分布：全球分布：欧洲和亚洲等地区。中国分布广泛。标本采集于龙泉山城市森林公园的高石岩管护站。

用途或危害性：可能有毒，避免采食。

担子菌门 Basidiomycota | 059

图 28　粉褶白环蘑（*Leucoagaricus leucothites*）（标尺：a～c = 1 cm。）

29. *Lepiota brunneoincarnata* Chodat & C. Martín （图29）

汉语名称： 肉褐环柄菇。其他名称如肉褐鳞环柄菇等。

形态特征： 子实体属于小型至中等大小，其菌盖直径范围在 2～6 cm。幼时，菌盖呈近锥形或钟形，随着生长逐渐展开并趋于平坦。颜色方面，菌盖初为白色或污白色，中央部位具有一个较低且钝的凸起，颜色从褐色、暗褐色变化至肝褐色。随着菌盖的进一步生长，这个凸起会向四周撕裂，形成同心状的块状褐色或暗褐色鳞片。这些鳞片与中央的颜色相近或稍浅，越往边缘越小且越稀疏，边缘部分常向内卷曲。菌盖基部具有棒状短细胞，其大小为（25～95）μm×（5～10）μm，含有淡褐色的胞内及胞壁色素。菌肉颜色为粉白色，接近表皮处则略带肉粉色。菌褶为离生结构，初时白色至乳白色，受伤后会变为暗红色。菌褶排列稍密，长度不等，边缘呈波状。菌柄长 3～6 cm，直径在 0.3～0.8 cm，基部可达 1 cm 粗。菌柄形态接近圆柱形，向基部逐渐增粗，内部中空，基部显著膨大。菌柄上无明显菌环，但存在类似菌环的膜质区，颜色与菌盖表面相同。膜质区以上的菌柄部分具有白色纤毛，而以下部分则覆盖有与菌盖鳞片同色的鳞片，这些鳞片常呈不完整环状排列。担子果的各部分均存在锁状联合现象。担子形态为棒状，大小范围在（19～35）μm×（7～11）μm，多数具有 4 个孢梗，有时也可见到 2 个孢梗的情况，极少数具有 1 个或 3 个孢梗。担孢子大小为（6～9.5）μm×（4～5.5）μm，侧面观察呈椭圆形，上脐部不凹陷，腹面近平直。背腹观则呈卵圆形或椭圆形，无色透明，表面光滑，壁略厚，具有类糊精质特性。在刚果红溶液中，担孢子会变为砖红色，但在甲酚蓝中则不发生变色反应。担孢子内部含有 0～1 个小液滴，且小尖细小。菌盖表面的鳞片由呈毛状排列的菌丝组成，但这些菌丝在生长过程中常出现倒伏现象。末端细胞的大小在（82～330）μm×（7～14）μm 之间，形态接近圆柱形，有时向顶部逐渐变窄，基部往往较细，壁略厚。褶缘囊状体数量较多，大小为（16～37）μm×（6～12）μm，形态多样，包括棒状、窄棒状以及偶尔的宽棒状。它们均为无色透明且薄壁的结构。此外，该子实体中缺乏侧生囊状体。

生态习性： 夏秋季期间，单生或者群生生于落叶林中、路边、房屋周围的草地上。

地理分布： 全球分布：欧洲和亚洲（巴基斯坦和中国）。中国分布：山西、吉林（长春）、甘肃、宁夏、新疆、河北、北京、江苏、黑龙江、安徽、上海和四川等地。标本采集于龙泉山城市森林公园的龙泉湖管护站和红花管护站。

用途或危害性： 剧毒蘑菇（急性肝损坏型），含有毒肽和毒伞肽，可严重破坏肝脏和肾脏。中毒后，初期发病为胃肠炎症状，后肝、肾受害，伴有烦躁、抽搐、昏迷症状，死亡率高。

担子菌门 Basidiomycota | 061

图 29 肉褐环柄菇（*Lepiota brunneoincarnata*）（标尺：a～e = 1 cm。）

30. *Tulostoma subsquamosum* Long & S. Ahmad （图30）

汉语名称： 多鳞柄灰包。

形态特征： 子实体（担子果）小型，具柄，内周体灰白色至赭色，直径9～11 mm，整个表面有土壤结痂，形成一层下部。开口管状或圆形，菌柄圆柱状，长宽为（32～40）μm ×（2～3）μm，浅赭色到浅棕色，底部白色，有浅到深棕色的小鳞片，稍木质。担孢子通常为球形，直径4.1～5.4 μm，在光学显微镜下为棘轮状或疣状，在扫描电镜下为锥形，很少为圆柱形，疣长0.5～0.8 μm。

生态习性： 常在针叶林、阔叶林地上生长，或生于路边耕地上。

地理分布： 全球分布：欧洲、亚洲和美洲，如西班牙、匈牙利、印度和中国等国家。中国分布：四川等地。标本采集于龙泉山城市森林公园的凤光寺管护站。

用途或危害性： 食用和药用价值不明。

担子菌门 Basidiomycota | 063

图30 多鳞柄灰包（*Tulostoma subsquamosum*）（标尺：a～c = 1 cm。）

31. *Xanthagaricus epipastus* (Berk. & Broome) Hussain （图 31）

汉语名称：牧场黄蘑菇。

形态特征：子实体（担子果）小型。菌盖直径 0.4 ～ 1.4 cm，圆锥状到宽圆锥状或凸起，橘黄色到鲜黄色，菌盖中央颜色加深，表面有黄色到黄褐色鳞片，边缘向下弯曲具有绒毛状的附属残余。菌褶离生，拥挤，能达到 1.5 mm 宽，膨大，粉白色到棕粉红色，1 ～ 3 层。菌柄长宽为（0.8 ～ 3.8）mm ×（0.05 ～ 1.0）mm，黄色到棕黄色，中生，圆柱形，等长，中空，表面覆盖有零散的鳞片。菌环薄而小，上位，早落。菌盖菌肉位于菌盖中心，0.5 mm 厚，黄白色，伤不变色。气味不明显。担子大小为（9.0 ～ 15.9）μm ×（4.4 ～ 6.3）μm，4 担子结构，圆柱状到宽棒状。担孢子大小为（4.0 ～ 5.2）μm ×（2.5 ～ 3.5）μm，椭球状，黄色至棕黄色。盖表囊状体光滑，大小为（10.7 ～ 23.4）μm ×（5.2 ～ 11.5）μm，大部分宽棒状，一些倒梨形，一些近头状。侧生囊状体不存在。菌盖皮层由大小为（8.4 ～ 28.8）μm ×（7.5 ～ 15.8）μm 的球形至卵球形末端细胞组成，棒状至椭圆形细胞，轻微包被，在 KOH 溶液中或水中观察时有色素。菌柄菌丝厚 4 ～ 10 μm，光滑，透明。

生态习性：夏季期间，常群生、散生于阔叶林或针阔叶林地之中。

地理分布：全球分布：中国、斯里兰卡和泰国等国家。中国分布：湖北和四川等地。标本采集于龙泉山城市森林公园的四方山管护站。

用途或危害性：食用和药用价值不明。

担子菌门 Basidiomycota 065

图31 牧场黄蘑菇（*Xanthagaricus epipastus*）（标尺：a～d = 1 cm。）

32. *Xanthagaricus necopinatus* Hosen, T.H. Li & G.M. Gates （图 32）

汉语名称：黄鳞黄蘑菇。

形态特征：子实体（担子果）小型。菌盖直径 1 ～ 1.5 cm，半球形，凸面至平凸面，黄色、鲜黄色、玉米黄色、浅橄榄黄色至浅黄棕色，表面有黄色至黄褐色鳞片状或细纤维状鳞片，中心集中，颜色较深，其余部位分散；边缘弯曲，有附加的绒毛残余物，与菌盖鳞片同色；菌盖中心厚 0.7 mm，其他地方薄，伤不变色。菌褶离生，周围凹陷，黄白色、粉白色至浅棕色、灰色，具圆齿边缘，通常有 3 ～ 4 层。菌柄长宽为（1.8 ～ 2.8）cm ×（0.15 ～ 0.2）cm，基部略变细，居中，圆柱形，稍弯曲，具小孔，黄褐色至暗褐色，表面有一些散生鳞片；先端鳞片更集中。菌环非常薄和微小，易撕裂。担子大小为（13 ～ 17）μm（5 ～ 6）μm，棍棒状至狭棍棒状，水中淡黄色，薄壁，4 孢子结构，具有长达 2 μm 的气孔。规则至近规则的层状菌丝，由薄壁圆柱形菌丝组成，宽 4 ～ 8 μm。担孢子大小为（4 ～ 5）μm ×（2.7 ～ 3.2）μm，椭圆形至卵圆形，在 5%KOH 溶液中呈黄色至黄褐色，淀粉质。褶缘囊状体大小为（15 ～ 20）μm ×（4 ～ 6）μm，数量多，棍棒状到窄棍棒状，有时窄梭形，光滑，透明，薄壁。菌盖表面由凝集的球形、近球形至宽椭球形细胞，很少有棒状细胞，终末细胞大小为（9 ～ 15）μm ×（6 ～ 10）μm，在 KOH 溶液或水中观察时有一些液泡样色素。

生态习性：夏秋季期间，常呈群生状态生于林地中。

地理分布：全球分布：孟加拉国和中国等国家。中国分布：广东和四川等地。标本采集于龙泉山城市森林公园的林家坪管护站。

用途或危害性：食用和药用价值不明。

担子菌门 Basidiomycota 067

图 32　黄鳞黄蘑菇（*Xanthagaricus necopinatus*）（标尺：a～e = 1 cm。）

鹅膏菌科 Amanitaceae

33. *Amanita subjunquillea* S. Imai （图33）

汉语名称：芥黄鹅膏。其他名称如黄盖鹅膏等。

形态特征：子实体（担子果）中等大小。菌盖直径范围在 2.5～10 cm，其表面颜色多变，从黄褐色、污橙黄色到芥黄色，偶尔也会出现全白的菌盖。菌盖在初期形态各异，可能呈现近钟形、近球形、扁半球形或半球形，随着生长逐渐展开，最终变为扁平至平展的形状。成熟后，菌盖颜色以黄色或污黄色为主，表面光滑或覆盖有污白色且不规则的小鳞片，湿润时还会显得黏滑。菌盖的边缘在大多数情况下无沟纹，但若子实体老化或生长在干燥环境中，边缘可能会出现不明显的沟纹。菌肉颜色为白色，但接近菌盖表皮的部分会呈现黄色，且受伤后不会变色。菌褶为离生结构，排列稍密且长度不等，整体颜色为白色。小菌褶在接近菌柄的一端会逐渐变窄。菌柄生于子实体的中部，长 4～14 cm，直径 0.3～1.6 cm。菌柄形态为圆柱形，颜色从白色渐变至浅黄色，表面可能覆盖有淡黄色的纤毛或细小鳞片。菌柄在靠近基部的位置会显著膨大，形成近球形的外观，内部结构则从实心到松软不等。菌环位于菌柄的近顶生至上位区域，颜色为白色或黄色，膜质，紧贴于菌柄的上部。菌环通常能够宿存，但在某些情况下可能会破碎甚至消失。此外，该子实体还具有浅杯状的菌托，颜色从白色变化至污白色，同样为膜质结构。该子实体中缺乏锁状联合现象。担孢子形态接近球形或宽椭圆形，大小范围在大小为（6.5～9.5）μm×（6～8）μm。担孢子具有淀粉质特性，表面光滑且无色。

生态习性：适宜在亚热带至温带林中生长。夏秋季期间，常生于各种阔叶林、针阔混交林或针叶林中的地上，单独生长或成群生长，并与树木形成菌根。

地理分布：全球分布：中国和日本。中国分布：云南、西藏、安徽、江苏、浙江、福建、广东、广西、四川和海南等地。标本采集于龙泉山城市森林公园的石经寺管护站。

用途或危害性：剧毒，导致急性肝损坏型中毒，严禁食用。

担子菌门 Basidiomycota

图33 芥黄鹅膏（*Amanita subjunquillea*）（标尺：a～c = 1 cm。）

34. *Amanita subglobosa* Zhu L. Yang （图34）

汉语名称：球基鹅膏。

形态特征：子实体（担子果）中等大小。菌盖中等大小，直径4～10 cm，整体形态扁平至平展，表面颜色从淡褐色渐变至皮革褐色，最终可能呈现为琥珀褐色。菌盖中央的颜色通常较深，并覆盖有菌幕的残余物，这些残余物呈白色至淡黄色，形态上可以是角锥状至疣状，且容易脱落。菌盖的边缘则具有明显的沟纹。菌褶方面，其颜色从白色变化至米色，排列方式为离生至近离生。菌褶较短，且在接近菌柄的一端多呈现平截状。菌柄是该子实体的另一重要部分，菌柄长5～15 cm，直径0.5～2 cm。菌柄的颜色多样，呈米色、白色或污白色。菌环着生于菌柄的中部至中上部，为膜质结构，颜色为白色。菌柄的基部接近球形，直径1.5～3.5 cm，上部覆盖有白色、有时淡黄色至淡褐色的小颗粒状至粉末状的菌幕残余。在菌柄下部与球状体过渡的地方，菌幕残余常形成领口状的外观。担子的形态为棒状，大小在（44～65）μm×（10～13）μm，多数担子具有4孢子的结构。担孢子的形态为宽椭圆形至椭圆形，担孢子大小为（8.5～12）μm×（7～9.5）μm，且非淀粉质。菌盖上的菌幕残余由近纵向排列的菌丝和膨大细胞组成，这些结构在菌盖表面形成独特的纹理。菌柄基部的菌幕残余同样由菌丝和膨大细胞构成，但可能具有不同的排列方式。菌环则主要由近辐射状排列的菌丝组成，其间夹杂有零星至较多的膨大细胞，这种结构使得菌环在形态上显得更为复杂。值得注意的是，锁状联合在该子实体的菌褶、菌髓菌丝横隔上和担子基部较为常见，但在其他部位则较为罕见。这种结构特征对于子实体的分类和鉴定具有重要意义。

生态习性：夏秋季期间，呈单生或群生状态常生于亚热带至温带的杨树、松树和壳斗科植物组成的混交林中的地上，为一种树木外生菌根菌。

地理分布：全球分布：亚洲等地区。中国分布：东北、华中、华南和西南地区。标本采集于龙泉山城市森林公园的天鹅岭管护站。

用途或危害性：有毒，误食导致神经精神型中毒。

图 34 球基鹅膏（*Amanita subglobosa*）（标尺：a～f = 1 cm。）

粪伞科 Bolbitiaceae

35. *Conocybe tenera* (Schaeff.) Kühner （图 35）

汉语名称：柔弱锥盖伞。其他名称如柔锥盖伞等。

形态特征：子实体（担子果）小至中型。菌盖直径 1～2 cm，非常细小且脆弱。菌盖的形状多样，从钟形逐渐过渡到斗笠形，顶部较为钝圆。菌盖表面保持湿润状态，触感光滑且无毛，颜色从黄褐色渐变至浅红褐色，中部颜色较深，周围则呈现出清晰的放射状条纹，增添了视觉上的层次感。菌肉部分非常薄，几乎透明，这使得子实体的内部结构清晰可见。菌褶则是子实体的另一重要特征，它们直生于菌盖下方，排列较为紧密，颜色从黄褐色变化至锈色，且长度不一，增加了子实体的美观度。菌柄细长，与菌盖颜色相近，同样显得脆弱且易折断。菌柄的长宽比例较大，长宽为（7～10）cm ×（0.1～0.3）cm。菌柄的基部稍有膨大，内部中空，这使得菌柄在支撑菌盖的同时，也显得更加轻盈。孢子印是该子实体的一个重要鉴定特征，它呈现出带锈色的色调，这是由担孢子在特定条件下释放并聚集而成的。担孢子本身呈椭圆形至卵圆形，表面光滑无瑕疵，颜色为浅黄褐色。担孢子的大小为（10～12）μm ×（5～7）μm。子实体含有囊状体结构，呈瓶状，顶部带有一个小圆头。

生态习性：夏秋期间，单生或群生于林内草地上、路旁草丛中、针、阔叶林枯叶层上。

地理分布：全球分布：中国和墨西哥等国家。中国分布：甘肃、新疆、江苏、贵州、内蒙古、吉林、广东、香港、云南、山西、湖南、福建、四川（红原）、西藏和广西等地。标本采集于龙泉山城市森林公园的林家坪管护站。

用途或危害性：据报道有毒，毒素成分未明。

担子菌门 Basidiomycota 073

图 35　柔弱锥盖伞（*Conocybe tenera*）（标尺：a～d = 1 cm。）

36. *Descolea quercina* J. Khan & Naseer　　　　　　　　　　　　　　　（图 36）

汉语名称：栎圆头伞。

形态特征：子实体（担子果）中大型。菌盖直径 5 ～ 7 cm，表面呈现出独特的水浸状外观，颜色从亮棕黄色渐变至深棕黄色，并带有微橄榄色调。菌盖在初期呈钟形，随后逐渐展开变平，中央部分明显突起，形成独特的形态。菌盖表面覆盖着明显松散的鳞状丛毛至鳞状颗粒，这些鳞片略呈同心排列，菌肉的颜色与菌盖相近或稍浅，中央部分较为厚实，为子实体提供了良好的支撑。菌褶直生于菌盖下方，颜色从浅灰棕色变化至棕黄色，长度不一但分布较为均匀，为子实体的繁殖过程提供了必要的条件。菌柄的长宽比例适中，长宽为（5 ～ 9）cm ×（0.8 ～ 1.5）cm。菌柄上端较细，向基部逐渐变粗，颜色从淡棕黄色过渡至深黄褐色。菌柄上部的菌环明显，膜质结构，颜色与菌柄相近或稍浅，表面具有显著的纵条纹。菌环背面稍有鳞片覆盖，边缘则带有附属物。担子作为子实体的繁殖结构，其大小为（25 ～ 40）μm ×（8 ～ 12）μm，呈棍棒状，具有 4 孢子结构。担孢子呈现出梭形至柠檬形的独特形态，其大小为（10 ～ 14.6）μm ×（6.6 ～ 9.6）μm，两端较尖，表面覆盖着粗疣状突起，且疣状部分相连。担孢子在 5% 的 KOH 溶液中会呈现出锈褐色的变化，这是其重要的鉴定特征之一。该子实体还含有侧生囊状体和褶缘囊状体等特殊结构。侧生囊状体大小为（40 ～ 45）μm ×（10 ～ 15）μm，形态上从宽棍棒状变化至棍棒状。褶缘囊状体与侧生囊状体相似，在子实体的生长发育过程中发挥着重要作用。菌丝壁薄且呈圆柱形。在菌髓中，菌丝近平行排列并存在锁状联合现象。而在菌盖皮层中，菌丝则呈近栅栏状排列，细胞形态多样包括棒状、近棒状或梭形等，大小为（20 ～ 30）μm ×（10 ～ 15）μm。这些细胞壁明显呈褐色并同样具有锁状联合特征。

生态习性：适生于中亚热带地区，呈单生、群生或散生状态生于林中地上。

地理分布：全球分布：巴基斯坦和中国等国家。中国分布：湖北（后河自然保护区）和四川等地。标本采集于龙泉山城市森林公园的石经寺管护站。

用途或危害性：食用和药用价值不明。

担子菌门 Basidiomycota 075

图 36 栎圆头伞（*Descolea quercina*）（标尺：a～c = 1 cm。）

37. *Descolea flavoannulata* (Lj.N. Vassiljeva) E. Horak　　　　　　　　（图 37）

汉语名称： 黄环圆头伞。其他名称如黄环罗鳞伞等。

形态特征： 子实体（担子果）中等大小。菌盖直径 6～8 cm，其颜色从淡黄色渐变至黄褐色，最终可能呈现为暗褐色。菌盖表面覆盖着细小的黄色鳞片，菌盖的边缘则呈现出辐射状的细条纹。菌肉的颜色与菌盖保持一致，伤不变色，或仅略微变暗。菌褶在初期呈现黄色，随着时间的推移，逐渐转变为褐色乃至锈褐色。菌柄长 5～10 cm，直径 0.5～2 cm。菌柄呈圆柱形，颜色从淡黄色渐变至黄褐色，基部则保留着菌幕的残余物。菌环位于菌柄的上部，呈膜质结构，颜色为黄色，与菌柄的颜色相协调。菌环的存在不仅增加了菌类的美观度，也为其分类提供了重要的依据。在微观层面，担孢子大小适中，其大小为（13～16）μm ×（7.5～9）μm。担孢子的形态从柠檬形变化至杏仁形，表面覆盖着细小的疣状突起，整体呈现出锈褐色。

生态习性： 夏秋季期间，常生于林中地上。

地理分布： 全球分布：中国和俄罗斯等国家。中国分布：东北、华中和西南等地区。标本采集于龙泉山城市森林公园的石经寺管护站。

用途或危害性： 具有食用价值。

担子菌门 Basidiomycota 077

图 37 黄环圆头伞（*Descolea flavoannulata*）（标尺：a～d = 1 cm。）

珊瑚菌科 Clavariaceae

38. *Clavaria vermicularis* Batsch （图 38）

汉语名称：脆珊瑚菌。

形态特征：子实体（担子果）较小，高 2.5～10 cm，粗 2～6 mm，整体呈现细长圆柱形或长梭形，略带弯曲，表面初为纯白色，随生长周期推进逐渐转为浅黄色，质地极为脆弱。整个子实体不分枝，内部起初充实，随后逐渐变为中空状态，顶部尖锐，随成熟而趋于钝化，并略微染上一层淡黄色。菌柄不明显。担孢子具有无色透明、表面光滑且内含细微颗粒物的特征，形态上趋近于椭圆形，大小为（4～1.5）μm ×（3～5）μm。

生态习性：夏秋季期间，常丛生或群生于针、阔叶林下阴湿处的阔叶草间的地上。

地理分布：全球分布：亚洲等地区。中国分布：海南、西藏、广东、广西、吉林、江苏、浙江、四川（阿坝州小金县日隆镇和红原县刷马路口等地）、香港和云南等地。标本采集于龙泉山城市森林公园的大河坝管护站。

用途或危害性：可食用，但因子实体小，其开发利用受限。

担子菌门 Basidiomycota

图38 脆珊瑚菌（*Clavaria fragihs*）（标尺：a～c=1 cm。）

39. *Clavulina coralloides* (L.) J. Schröt. （图39）

汉语名称：珊瑚状锁瑚菌。其他名称如冠锁瑚菌等。

形态特征：子实体（担子果）小至中型，高 3～6 cm。多枝状，色彩丰富，包括白色、淡粉红色及灰白色等，其主体部分具有明显的柄，自柄上生出众多密集、细尖的小枝。菌肉部分白色质地紧实。在微观结构上，担子呈现为棒状，较为少见地带有横隔，2 孢子结构。担孢子大小为（7～9.5）μm ×（6.1～7.5）μm，担孢子无色透明，表面光滑，形态接近于球形，并带有一小尖，内含一个大油滴。

生态习性：夏秋季期间，呈群生状态常生于阔叶林地上。

地理分布：全球分布：中国、荷兰、意大利、德国和瑞士等国家。中国分布：青海、安徽、四川和江苏等地。标本采集于龙泉山城市森林公园的元包村。

用途或危害性：食用和药用价值不明。

担子菌门 Basidiomycota | 081

图 39　冠锁瑚菌（*Clavulinopsis aurantiocinnabarina*）（标尺：a～d = 1 cm。）

40. *Clavulinopsis aurantiocinnabarina* (Schwein.) Corner （图40）

汉语名称： 金赤拟锁瑚菌。

形态特征： 子实体（担子果）高 1.5～4.5 cm，直径 0.5～2 mm，形态多为棒形，不分枝或仅少数分枝。其颜色鲜艳，呈现橘红色，内部空心，枝端尖锐，偶尔可见轻微瓣裂现象。菌柄虽存在但分界不明显，长 2～5 mm，直径 0.3～1.5 mm，颜色稍暗，为暗橙褐色。菌肉黄褐色，质地脆，伤不变色。在微观结构上，担子长 3～6 μm，同样呈棒形，2～4 孢子结构。担孢子大小为（5～7.5）μm ×（5～6.5）μm，形态近乎球形，表面光滑无瑕，颜色透明且不含淀粉质。菌丝有锁状联合。

生态习性： 夏秋季期间，呈单生或丛生至簇生状态生于阔叶林中的地上。

地理分布： 全球分布：中国和日本等国家。中国分布：东北、华北、华中、华南和西南等地区。标本采集于龙泉山城市森林公园的元包村。

用途或危害性： 可食用，但不普遍。

图40 金赤拟锁瑚菌（*Clavulinopsis aurantiocinnabarina*）（标尺：a～c = 1 cm。）

41. *Clavulinopsis fusiformis* (Sowerby) Corner （图41）

汉语名称：梭形拟锁瑚菌。其他名称如梭形黄拟锁瑚菌、梭形珊瑚菌和梭形豆芽菌等。

形态特征：子实体（担子果）一般小，高5～15 cm，直径0.2～1 cm，近梭形，鲜黄色，不分枝、纤细、棍棒状，顶端窄或尖，下部渐成菌柄。菌柄常扁平，鲜黄色。菌肉韧、脆，内部实心，后变空心，黄色、无气味，伤不变色，口感稍苦，基部有白色毛。担子大小为（40～60）μm×（6～10）μm。担孢子大小为（5～9.4）μm×（4～9）μm，球形至卵形、光滑；担孢子成堆时白色，孢子印白色带黄色。

生态习性：夏秋期间，群生或丛生于针阔混交林、杂木林中的地上，也生于草地上，营腐生生活。

地理分布：全球分布：中国、日本、澳大利亚，欧洲和北美洲等地区。中国分布：福建、浙江、江苏、安徽、四川、云南和西藏等地。标本采集于龙泉山城市森林公园的元包村。

用途或危害性：可食用，但不普遍。

担子菌门 Basidiomycota

图 41 梭形拟锁瑚菌（*Clavulinopsis fusiformis*）（标尺：a～c = 1 cm。）

丝膜菌科 Cortinariaceae

42. *Cortinarius pholideus* (Lilj.) Fr. （图42）

汉语名称： 鳞丝膜菌。

形态特征： 子实体（担子果）中型。菌盖直径 3～10 cm，早期为半球形至近钟形，成熟后菌盖中部凹起，呈半球形至扁平，近红褐色至肉桂色，表面被大量翘起或直立的深褐色小鳞片覆盖。菌肉无特殊气味，中部较厚，初期带浅紫色，成熟后变白色至褐色。菌褶密而宽，不等长，直生至弯生，初期堇紫色，成熟后变黄褐色至褐色，褶缘平整。菌柄长 4～9 cm，粗 0.6～1.5 cm，基部膨大，菌环以上浅堇紫色，以下覆盖同菌盖一样的鳞片，纤维质，内部实心，其菌柄菌肉上部带堇紫色而下部带褐色。内菌幕上位，丝膜状，白色，易脱落，在菌柄中上部形成菌环。担孢子大小为（6～10）μm ×（4～6）μm，锈褐色，有疣突，宽椭圆形，粗糙。

生态习性： 常见于白桦树或桦木、桦木属的树下，丛生。

地理分布： 全球分布：北半球温带以北。中国分布：四川（甘孜州稻城县巨龙乡和理塘县康呷村等地）、黑龙江、云南、湖南、吉林、内蒙古、西藏和辽宁等地。标本采集于龙泉山城市森林公园的红花管护站。

用途或危害性： 可食用，含 17 种氨基酸及 11 种矿质元素。

担子菌门 Basidiomycota | 089

图43 微红丝膜菌（*Cortinarius rubellus*）（标尺：a～c = 1 cm。）

44. *Cortinarius subferrugineus* (Batsch) Fr. （图44）

汉语名称： 锈色丝膜菌。其他名称如亚褐盖丝膜菌等。

形态特征： 子实体（担子果）一般中等。菌盖直径 5～10 cm，形态上由半球形逐渐过渡到近扁平状，中部略带凸起，菌盖呈现出浅朽叶色至黄褐色的渐变，表面光滑。菌褶则呈现为污黄褐色至锈褐色，紧密地弯生于菌盖下方，宽，有横隔。菌柄长 6～9 cm，粗 1～1.5 cm，基部稍膨大，向上渐细，颜色相较菌盖浅，内部松软。担孢子大小为（8～10）μm×（5.2～6）μm，浅褐色，粗糙，椭圆形。

生态习性： 夏秋季期间，丛生或散生于针阔混交林中的地上，常与栎类形成外生菌根。

地理分布： 全球分布：欧洲、非洲和亚洲等地区。中国分布：吉林、辽宁、云南、新疆、西藏、甘肃、四川（甘孜州稻城县巨龙乡等地）、黑龙江和青海等地。标本采集于龙泉山城市森林公园的红花管护站。

用途或危害性： 食用和药用价值不明。

担子菌门 Basidiomycota

图 44　锈色丝膜菌（*Cortinarius subferrugineus*）（标尺：a～c = 1 cm。）

粉褶菌科 Entolomataceae

45. *Entoloma clypeatum* (L.) P. Kumm. （图45）

汉语名称：晶盖粉褶蕈。其他名称如盾状粉褶菌、盾形赤褶菇、红盾赤褶菇、盾状红褶伞、晶蓝粉褶菌、红质赤褶菇、豆菌、桃花菌和青梅菌等。

形态特征：子实体（担子果）一般中等大。菌盖宽 1.2～7.8 cm，灰棕色，肉质，菌盖表面微黏，中部有凸起，成伞状，边缘整齐；菌肉白色；子实层薄片呈蜿蜒曲折状，拥挤，最初几乎为白色，后期呈粉红色，锯齿状略微钝，边缘为同色；弯生至离生；菌柄灰白色，长宽为（4.1～7.6）cm ×（0.4～3.2）cm，圆柱形，老时菌柄表皮会有开裂，有的菌柄基部膨大；囊状体长宽为（29.2～38.6）μm ×（7.6～12.3）μm，透明，表面光滑，棒状；担子大小为（27.7～62.6）μm ×（5.1～12.8）μm，透明，表面光滑，棒状，4孢子结构；担孢子大小为（8.3～11.7）μm ×（7.3～10）μm，表面不光滑，具有1根明显的疣突，有油滴状，透明；菌盖菌丝大小为（48.8～109.3）μm ×（5.7～16.3）μm，相较于菌柄细胞较短，光滑，具有一些圆柱形的末端细胞，大多呈圆柱形或近圆柱形，无钳形连接；菌柄菌丝大小为（56.6～189.4）μm ×（5.5～13.3）μm，由长柱形细胞组成，透明，光滑，排列整齐，无锁状联合现象。

生态习性：春末夏初期间，呈群生或丛生状态生于森林、路旁、庭院、果园等地上，特别是苹果、梨、梅、桃、山樱花等树下，常与苹果、梨、梅、桃等树形成外生菌根。

地理分布：全球分布：日本和中国等国家。中国分布：福建、吉林、青海、湖南、云南、四川（甘孜州康定市贡嘎山镇和宜宾等地）、河北、黑龙江、西藏和贵州等地。标本采集于龙泉山森林公园的三百梯桃园附近。

用途或危害性：可食用，为龙泉山城市森林公园当地居民广泛采集的野生食用菌。

担子菌门 Basidiomycota

图 45 晶盖粉褶蕈（*Entoloma clypeatum*）（标尺：a～d = 1 cm。）

46. *Entoloma excentricum* Bres. （图 46）

汉语名称：偏盖粉褶蕈。

形态特征：子实体（担子果）较小。菌盖直径 2.5～4.8 cm，初期形态宛如扁半球，随后逐渐平展，中部形成下凹，中央点缀一小顶尖。色泽淡灰褐，边缘则呈现黄褐或浅黄褐，表面初时绒毛密布，随后光滑如膜，边缘装饰有条纹或呈撕裂状。菌肉部分浅白黄色，质地较薄。菌褶粉红色，排列近乎离生，较为稀疏，边缘呈波浪状且长度不一。菌柄细长，长 5～10 cm，粗 0.3～0.6 cm，形态圆柱形，白色或带黄色，有纵条纹，纤维质，空心。担孢子大小为（8.5～12.5）μm ×（7.5～10）μm，浅粉红色，光滑，角形，尤其以五角状最为常见。褶缘囊状体则呈现出近棒状或梭形的形态。

生态习性：夏秋季期间，呈散生状态生于混交林地上。

地理分布：全球分布：土耳其、加拿大、德国和中国等国家。标本采集于龙泉山城市森林公园的林家坪管护站和天鹅岭管护站。

用途或危害性：食用和药用价值不明。

担子菌门 Basidiomycota | 095

图 46 偏盖粉褶蕈（*Entoloma excentricum*）（标尺：a～f = 1 cm。）

47. *Entoloma praegracile* Xiao L. He & T.H. Li （图 47）

汉语名称： 极细粉褶蕈。其他名称如极脆粉褶蕈等。

形态特征： 子实体（担子果）小。菌盖直径 0.8～2 cm，初期呈凸镜状，后平展，中部可能略凹陷或保持平整，颜色多变，包括淡黄色、淡黄带粉或橙黄色，干燥后转为醒目的橙红色，并伴有水渍状透明条纹直达菌盖中心，表面光滑。菌肉薄，与菌盖同色，气味和味道不明显；菌褶宽达 1 mm，边缘清晰整齐，排列方式为直生带短延生小齿，并伴有 1～2 行稀疏的小菌褶，初白色，后变为粉红色；菌柄中生，长宽为（4.0～5.0）cm ×（0.1～0.2）cm，圆柱形，与菌盖同色或较深，橙黄色，光滑，中空，较脆，基部具白色菌丝。担子大小为（23～35）μm ×（10～12.5）μm，多呈脚掌形或近棒状，具 2～3 个担子小梗，有时具 1 个担子小梗，基部锁状联合罕见。担孢子大小为（9～10.5）μm ×（6.5～8）μm，壁较薄，淡粉红色。菌褶边缘异质或不育。褶缘囊状体棒状，大小为（50～80）μm ×（8.8～14）μm。菌盖皮层由黏皮层构成，菌丝平行排列，直径 3～8 μm，含浅黄色色素或近无色。

生态习性： 呈丛生状态生于阔叶林中的地上或竹林中。

地理分布： 全球分布：中国。中国分布：贵州（梵净山）和四川。标本采集于龙泉山城市森林公园的凤光寺管护站。

用途或危害性： 食用和药用价值不明。

担子菌门 Basidiomycota 097

图47 极细粉褶蕈（*Entoloma praegracile*）（标尺：a～e = 1 cm。）

48. *Clitopilus piperitus* (G. Stev.) Noordel. & Co-David　　　　（图 48）

汉语名称：辣斜盖菇。

形态特征：子实体（担子果）小至中型。菌盖直径 2～8 cm，初期菌盖平展后逐渐成为漏斗状，菌盖肉色，菌盖表面光滑。菌褶延生，浅锈褐色，密集，菌褶远离菌柄的一端有反卷。菌柄偏生，颜色为肉色，实心，菌柄表面附有白色绒毛，基部绒毛状更为明显，白色菌丝在基部可看见。

生态习性：夏季期间，常群生于阔叶林之中。

地理分布：全球分布：新西兰和中国等国家。中国分布：河北和四川等地。标本采集于龙泉山城市森林公园的天鹅岭管护站。

用途或危害性：食用和药用价值不明。

担子菌门 Basidiomycota

图 48 辣斜盖菇（*Clitopilus piperitus*）（标尺：a～d = 1 cm。）

轴腹菌科 Hydnangiaceae

49. *Laccaria pumila* Fayod （图 49）

汉语名称：矮蜡蘑。

形态特征：子实体（担子果）小至中型。菌盖直径 1～3.5 cm，初期形态多样，包括扁半球形、半球形，随后逐渐平展，后期边缘可能出现翻卷现象。中部略微凸起，颜色变化丰富，由粉红褐色渐变为土黄红色，表面带有水浸状的光泽，并点缀着小鳞片，边缘则呈现出清晰的条纹。菌肉粉红色。菌褶肉红色，直生至弯生，稀，宽，不等长。菌柄长 3～6 cm，粗 0.3～0.7 cm，柱形，肉红色至橙红褐色，空心。

生态习性：夏末秋初期间，常群生于阔叶林地之中。

地理分布：全球分布：欧洲、北美洲和亚洲。中国分布：四川和东北等地区。标本采集于龙泉山城市森林公园的元包村。

用途或危害性：食用和药用价值不明。

图 49 矮蜡蘑（*Laccaria pumila*）（标尺：c～f = 1 cm。）

层腹菌科 Hymenogastraceae

50. *Hebeloma fastibile* (Pers.) P. Kumm. （图 50）

汉语名称： 毒粘滑菇。其他名称如毒滑锈伞等。

形态特征： 子实体（担子果）近中等。菌盖直径 4～7 cm，初期形态为扁半球形，随后逐渐平展，颜色为浅黄色，表面光滑且带有黏性，边缘呈现出内卷的特点。菌肉白色，与菌盖的浅黄色形成鲜明对比。菌褶在初期接近白色，随后逐渐转变为土黄色，排列方式为弯生，稍显密集但长度不一。菌柄长 4～6 cm，粗 0.5～1 cm，圆柱形，白色，具毛状鳞片，内部实心，上部有白色粉粒，基部稍膨大。孢子印锈色。担孢子大小为 (8～10) μm × (4～5.5) μm，淡褐色，光滑，内含 1 油滴，椭圆形。褶缘囊状体大小为 (18～22.5) μm × (6.5～9.5) μm，近柱形，无色。

生态习性： 夏秋季期间，呈单生或群生状态生长于云杉等林地上，可与松树等形成外生菌根。

地理分布： 全球分布：英国、美国和中国等国家。中国分布：青海、河北、贵州、西藏和四川等地。标本采集于龙泉山城市森林公园的红花管护站。

用途或危害性： 含毒蝇碱等毒素，误食后会导致胃肠炎等症状。

图 50 毒粘滑菇（*Hebeloma fastibile*）（标尺：c～f = 1 cm。）

51. *Gymnopilus dilepis* (Berk. & Broome) Singer （图51）

汉语名称： 热带紫褐裸伞。

形态特征： 子实体（担子果）小至中型。菌盖直径 3～7 cm，平展，颜色以紫褐色为主，中央区域覆盖着从褐色渐变至暗褐色的直立鳞片。菌肉淡黄色至米色，味苦。菌褶则呈现出从褐黄色到淡锈褐色的渐变。菌柄长 4～7 cm，直径 0.5～0.9 cm，近圆柱形，颜色从褐色渐变至紫褐色，表面覆盖着细小且纤丝状的鳞片。菌环丝膜状，易消失。担孢子大小为（6～8.5）μm ×（4.5～6）μm，宽椭圆形至椭圆形，褐色，表面具疣状纹饰，担孢子并不具备芽孔结构，且整体呈现出锈褐色的外观。

生态习性： 夏秋季期间，呈单生或群生状态生于腐木上或腐烂的竹子基部。

地理分布： 全球分布：中国和斯里兰卡等国家。中国分布：华南、华中与西南等地。标本采集于龙泉山城市森林公园的高石岩管护站、四方山管护站和天鹅岭管护站。

用途或危害性： 有毒，误食导致神经精神型中毒。潜在的林木腐朽病菌，可以引起木材腐朽。

担子菌门 Basidiomycota

图 51 热带紫褐裸伞（*Gymnopilus dilepis*）（标尺：b～d = 1 cm。）

52. *Gymnopilus lepidotus* Hesler （图52）

汉语名称： 锈鳞裸伞。

形态特征： 子实体（担子果）较小。菌盖直径1.4～2.5 cm，幼时呈半球形，随后逐渐平展，中部略显内凹，边缘则常呈现出不规则形态，菌盖表面覆盖着红褐色的鳞片，中部区域以砖红色和锈褐色为主，而边缘则渐变为黄褐色，边缘处还可见黄褐色的菌幕残留。菌肉薄，无明显气味，颜色为浅黄褐色。菌褶弯生，长度不一，密度从密集到稍稀不等，颜色从浅黄色渐变至黄褐色。菌柄长1.3～3.0 cm，粗0.2～0.4 cm，圆柱形，等粗，实心，菌柄上部淡黄褐色，下部为深砖红色。菌幕黄褐色，蛛网状，后消失。微观形态上，担子大小为（17～22）μm ×（4.8～6.5）μm，棒状，4担子结构，基部具锁状联合，无色或淡黄色。担孢子大小为（7.3～8）μm ×（4.6～5.1）μm，椭圆形，粗糙有疣，黄褐色。褶缘囊状体大小为（17～21）μm ×（6.1～7.3）μm，近棒状，上部近头状，中部腹鼓状，透明或淡黄色；侧生囊状体大小为（14～21）μm ×（5.6～7.3）μm，腹鼓状或棒状，无色或淡黄色。盖皮菌丝直径3～8 μm，平行型，淡黄色，具锁状联合。

生态习性： 秋季期间，呈散生状态生于针阔混交林的腐木上。

地理分布： 全球分布：墨西哥、美国和中国等国家。中国分布：四川和重庆等地。标本采集于龙泉山城市森林公园的高石岩管护站。

用途或危害性： 具有一定毒性。潜在的林木腐朽病菌，可以引起木材腐朽。

担子菌门 Basidiomycota | 107

图 52 锈鳞裸伞（*Gymnopilus lepidotus*）（标尺：a～d = 1 cm。）

丝盖伞科 Inocybaceae

53. *Inocybe calospora* Quél. （图 53）

汉语名称： 丽孢丝盖伞。其他名称如美孢丝盖伞等。

形态特征： 子实体（担子果）小。菌盖直径 1～2.5 cm，初期呈圆锥形，随后逐渐展开并呈现出斗笠状，中部在伸展过程中明显凸起，菌盖表面颜色由黄褐渐变至锈褐色，覆盖着褐色的鳞片和细密的绒毛，边缘部分则分布着平伏的纤毛，可裂开。菌肉部分呈现出污白黄色，质地较薄。菌褶则呈现出肉桂色，排列方式从凹生到离生不等，密集且长度不一。菌柄细长，长 4～7 cm，粗 0.3～0.6 cm，圆柱形，颜色与菌盖相近，具毛或条纹，基部膨大，质地为纤维质。担孢子大小为（7～10）μm ×（6.5～8）μm，锈褐色，有棘刺，球形。囊状体中部稍膨大，大小为（38～45）μm × 10～11）μm。

生态习性： 夏秋季期间，单生、群生或散生于针阔叶林地上，常与树木结合，形成外生菌根菌。

地理分布： 全球分布：中国、日本、法国、斯洛伐克和美国等国家。中国分布：江苏、江西、吉林、湖南、福建、辽宁、陕西、浙江、四川、贵州、广东和西藏等地。标本采集于龙泉山城市森林公园的钟家山管护站。

用途或危害性： 具有一定毒性，含毒蕈碱（Muscarine），可造成神经精神型中毒。

担子菌门 Basidiomycota 109

图 53 丽孢丝盖伞（*Inocybe calospora*）（标尺：a～d = 1 cm。）

54. *Inocybe caroticolor* T. Bau & Y.G. Fan （图54）

汉语名称： 胡萝卜色丝盖伞。

形态特征： 子实体（担子果）小。幼时呈现锥形或钟形，随着生长逐渐转变为斗笠形乃至平展，中央区域显著地隆起，形成钝状突起。菌盖表面覆盖着平伏且呈辐射状的鳞片，鳞片纤丝状，边缘部分易于开裂，橙黄色至杏黄色。幼时，鳞片颜色与菌盖相近，而成熟后则逐渐转变为褐色乃至红褐色，但底色依然保持橘黄色至杏黄色或赭黄色。菌肉具明显芳香味，白色至淡杏黄色，质地柔嫩。菌褶宽达 3～4 mm，直生且排列密集，幼时呈现出浅橘黄色至杏黄色的清新色泽，成熟后则转变为暗杏黄色乃至褐色，褶缘与褶面颜色相近或略浅，整体表面平滑无褶皱。菌柄宽达 3～5 mm，圆柱形，等粗，实心，菌柄颜色从淡橘黄色渐变至杏黄色，表面覆盖着细腻的粉末状颗粒。担孢子大小为（6.5～9）μm ×（5～6）μm，具 7～9 个明显或不明显疣突，黄褐色。

生态习性： 夏秋季期间，呈单生或散生状态生于栓皮栎林缘的路边。

地理分布： 全球分布：中国。中国分布：华中和西南等地区。标本采集于龙泉山城市森林公园的龙泉湖管护站和石经寺管护站。

用途或危害性： 具有一定毒性。

担子菌门 Basidiomycota | 111

图 54 胡萝卜色丝盖伞（*Inocybe caroticolor*）（标尺：a～f = 1 cm。）

55. *Inocybe curvipes* P. Karst. （图 55）

汉语名称： 绵毛丝盖伞。其他名称如弯柄丝盖伞等。

形态特征： 子实体（担子果）小。菌盖直径 2.2～3.6 cm，形态上经历从幼时的锥形到成熟后的平展变化，中央部位显著突起，该突起区域呈现烟褐色，并随着向边缘的延伸逐渐淡化，菌盖表面覆盖着平伏且呈辐射状的鳞片，这些鳞片在担子果老化后会导致边缘开裂。菌肉在突起处厚度可达 3 mm，颜色为纯白色，并带有淡淡的土腥味。菌褶宽可达 3.5 mm，直生，较密，不等长，幼时呈现灰白色带橄榄色，而成熟后则转变为褐色，褶缘部分不平滑，色稍淡。菌柄长 3.5～4.5 cm，直径 3～5 mm，其形状为圆柱形，上下粗细均匀，整体呈现烟褐色，但在顶部和基部颜色相对较淡。菌柄表面覆盖着绒毛状的小纤维鳞片，基部则附有白色菌丝，菌柄内部实心，结构稳定。担孢子大小为（9～11）μm×（5～6）μm，炮弹形，具明显至不明显的突起，淡褐色。

生态习性： 夏季期间，呈单生或散生状态生于林中地上或林缘路边，与杨树、柳树或落叶松等关系密切。

地理分布： 全球分布：法国、芬兰、捷克和中国等国家。中国分布：四川、湖北和东北等地。标本采集于龙泉山城市森林公园的钟家山管护站。

用途或危害性： 具有一定毒性。

担子菌门 Basidiomycota | 113

图 55　绵毛丝盖伞（*Inocybe curvipes*）（标尺：a～d = 1 cm。）

56. *Inocybe godeyi* Gillet　　　　　　　　　　　　　　　　　　　　　　（图56）

汉语名称：土黄丝盖伞。

形态特征：子实体（担子果）小至中型。菌盖直径 1.8～4.2 cm，幼时钟形，后呈斗笠形至平展；幼时边缘内卷，后伸展，盖中央具明显的钝状突起，盖表面丝质光滑，偶尔具不明显的鳞片，淡褐色，边缘色淡；成熟后逐渐带橙红色至粉红色，伤后即变橙红色至粉红色。菌肉土腥味，肉质，幼时白色，成熟后带橙红色。菌褶宽 2～4 mm，直生，密，幼时白色至灰白色，成熟后或伤后逐渐带橙红色至砖红色，褶缘色淡。菌柄长 3.7～5.8 cm，直径 4～6 mm，圆柱形，等粗，实心，具光泽，具纵条纹，常具有白色粉状颗粒，幼时米黄色至淡肉褐色，后逐渐变为橙红色，基部球形膨大并具明显边缘。担孢子大小为（8.5～11）μm ×（5.5～7）μm，杏仁形，顶部锐，光滑，黄褐色。

生态习性：夏秋季期间，呈散生状态生于阔叶林中地上。

地理分布：全球分布：欧洲、北美洲和亚洲。中国分布：华北、华中、西北和西南等地区。标本采集于龙泉山城市森林公的园龙泉湖管护站。

用途或危害性：具有一定毒性。

担子菌门 Basidiomycota 115

图56 土黄丝盖伞（*Inocybe godeyi*）（标尺：a～d = 1 cm。）

57. *Inocybe salicis* Kühner （图 58）

汉语名称：柳生丝盖伞。

形态特征：子实体（担子果）中型。菌盖直径 2.5～4 cm，锈黄色，中央颜色较深，凸起，表面丝状裂开。菌褶离生，白色，一般密集，等长，有小菌褶。菌柄圆柱状，浅黄色，上部颜色较浅，基部颜色较深，近棕色，并在菌柄基部有白色粉状附属物。

生态习性：夏季期间，群生于阔叶林中，常与树木结合形成外生菌根菌。

地理分布：全球分布：欧洲和亚洲等地区。中国分布：贵州和四川（甘孜州康定）等地。标本采集于龙泉山城市森林公园的凤光寺管护站。

用途或危害性：具有一定毒性。

担子菌门 Basidiomycota

图 57 柳生丝盖伞（*Inocybe salicis*）（标尺：a～d = 1 cm。）

58. *Inosperma maculatum* (Boud.) Matheny & Esteve-Rav. （图 57）

汉语名称： 斑纹丝盖伞。

形态特征： 子实体（担子果）小型。菌盖直径为 1.5～2.5 cm，中央凸起，菌盖棕褐色，颜色从中央向四周逐渐变浅。菌褶延生，中等密，白色。菌柄圆柱状，纤维质，与菌盖同色。担子圆柱状，具 2 个担子小梗。担孢子大小为 (6.24～11.66) μm × (3.90～7.20) μm，黄褐色，多角形，具疣突。囊状体存在，薄壁，顶端被结晶。

生态习性： 夏秋期间，生长于林地之中。

地理分布： 全球分布：欧洲和亚洲等地区。中国分布：四川和内蒙古等地。标本采集于龙泉山城市森林公园的红花管护站、天鹅岭管护站和元包村。

用途或危害性： 具有一定毒性。

担子菌门 Basidiomycota

图 58　斑纹丝盖伞（*Inocybe maculata*）

[a：担子果生境照；b：菌盖；c：菌褶；d：担子（刚果红染色）；e：褶缘囊状体（刚果红染色）；f：担孢子。标尺：b, c = 1 cm；d = 10 μm；e = 20 μm；f = 10 μm。]

59. *Pseudosperma rimosum* (Bull.) Matheny & Esteve-Rav. （图 59）

汉语名称： 裂丝盖伞。

形态特征： 子实体（担子果）小至中型。菌盖直径可达 3～6.5 cm，幼时钟形，随后逐渐展开呈平面，中部区域则显著突出，形成尖锐的顶点。菌盖颜色以草黄色为主，表面纹理从细微的缝隙开始，逐渐加深至明显的开裂状态。菌肉白色至淡黄褐色。菌褶排列紧密且细窄，直生至近离生，草黄色、黄褐色至橄榄色，边缘色淡。菌柄长 2.5～6 cm，直径 3～5 mm，圆柱形，等粗，实心，白色至黄色，顶部具屑状鳞片，向下渐为纤维状鳞片。幼时可见菌幕残留，菌幕易消失。担孢子大小为（9.5～14.5）μm ×（6～8.5）μm，呈现出长椭圆形至肾形的变化，光滑，褐色。

生态习性： 夏秋季期间，呈散生状态生于多种阔叶林和针叶林中地上。

地理分布： 全球分布：法国和中国等国家。中国分布：西南、东北、华北、西北和华中等地区。标本采集于龙泉山城市森林公园的石经寺管护站和天鹅岭管护站。

用途或危害性： 文献记载可药用，也有毒，可导致神经精神型中毒。

担子菌门 Basidiomycota | 121

图 59 裂丝盖伞（*Pseudosperma rimosum*）（标尺：a～f = 1 cm。）

60. *Mallocybe longquanensis* Feng Liu, C. Liu & C.L. Yang （图60）

汉语名称：龙泉茸盖伞。

形态特征：子实体（担子果）中等大小。菌盖宽 1～3.5 cm，平展，菌盖黄色，菌盖边缘颜色稍浅，密被绒毛。菌肉灰白色，薄。菌褶灰白色，稍密。菌柄中生，纤维质，长 1.5～4.8 cm，粗 3～7 mm，通体白色。菌髓菌丝不规则型。担子棒状，2～4 孢子结构，宽 7～8 μm，担子小梗长 22.6～30.6 μm。担孢子大小为（3.95～7.35）μm ×（6.22～11.25）μm，长椭圆形和杏仁形。囊状体棒状。盖皮菌丝栅栏状排列，菌丝有锁状联合。

生态习性：夏末秋初期间，呈群生或散生状态生于青冈林地之中。

地理分布：目前仅在龙泉山城市森林公园有分布。标本采集于龙泉山城市森林公园的天鹅岭管护站。

用途或危害性：食用和药用价值不明。

担子菌门 Basidiomycota | 123

图 60 龙泉茸盖伞（*Mallocybe longquanensis*）

[a, b: 担子果生境照；c: 菌褶；d: 担孢子；e: 菌柄菌丝（刚果红染色）；f: 菌盖菌丝（刚果红染色）；g: 担子与囊状体（刚果红染色）；h, i: 担子；j, k: 褶缘囊状体。标尺：a～c = 1 cm；d = 20 μm；e～k = 10 μm。]

马勃科 Lycoperdaceae

61. *Apioperdon pyriforme* (Schaeff.) Vizzini （图 61）

汉语名称：梨形马勃。

形态特征：子实体（担子果）高 2～4.5 cm，宽 1.8～4.8 cm，形态多样，有梨形、近球形或短棒形，具短柄，不育基部发达，由白色根状菌索固定于基物上，子实体在新鲜状态下呈现出从奶油色至淡褐黄色的渐变，色彩特征随着成熟度的增加而逐渐转变为栗褐色。分为头部和柄部。头部表面具疣状颗粒或细刺，或具网纹。老后孢体变为橄榄色，呈棉絮状并混杂褐色担孢子粉。担孢子直径 3.5～4.5 μm，形态上呈现为球形，颜色为褐色或橄榄色，平滑，薄壁，内部含有 1 个大油滴。

生态习性：夏秋季期间，丛生、散生或密集群生于阔叶树腐木上，有时也生于林中地上。

地理分布：全球分布：德国和中国等国家。中国分布：湖南、海南、陕西、山西、广西、甘肃和四川等地。标本采集于龙泉山城市森林公园的龙泉湖管护站。

用途或危害性：幼时可食，成熟后药用。

担子菌门 Basidiomycota | 125

图 61　梨形马勃（*Apioperdon pyriforme*）（标尺：a～c = 1 cm。）

62. *Bovista pusilla* (Batsch) Pers. （图 62）

汉语名称：小灰球菌。其他名称如小静灰球菌、小静马勃和小马勃等。

形态特征：子实体（担子果）小型。子实体直径 1 ～ 2.5 cm，形态上近球形至球形，子实体初期呈现为白色至黄色，逐渐过渡为浅茶褐色，随着成熟度的增加，最终转变为暗褐色，无不育基部，基部具根状菌索。包被分为两层，外包被上有细小且易脱落的颗粒；内包被光滑，成熟时顶端开一小口。孢体本身的颜色呈现出蜜黄色至浅茶褐色。担孢子直径 3 ～ 4.5 μm，球形，颜色浅黄，表面接近光滑状态，偶尔可见短柄结构。孢丝浅黄色，有分枝，宽 3 ～ 4 μm。

生态习性：夏秋季期间，呈群生或散生状态生于林中地上或草地上。

地理分布：全球分布：德国和中国等国家。中国分布：南方地区较常见。标本采集于龙泉山城市森林公园的元包村。

用途或危害性：幼时可食用，成熟后药用。

担子菌门 Basidiomycota | 127

图 62 小灰球菌（*Bovista pusilla*）（标尺：a～c = 1 cm。）

63. *Calvatia craniiformis* (Schwein.) Fr. ex De Toni （图63）

汉语名称：头状秃马勃。其他名称如头状马勃等。

形态特征：子实体（担子果）小至中型，高 4.7～7.5 cm，宽 3.5～6 cm，形态多变，倒卵形、陀螺形至长梨形，其不孕基部显著发达，颜色从灰褐色至黄褐色，表面近光滑，有不规则的深色斑块。具有一发育完好的不育基部，以根状菌索固着在地上。担子果的内部结构在发育初期呈现肉质，颜色由白色逐渐转变为粉黄色至黄褐色。包被结构分为两层，紧密贴合，外层覆盖有一层薄而平滑的纸质层，颜色从榛色渐变至暗褐色，成熟时外层的糠鳞会自然脱落，展现出内包被的色泽。内包被薄且脆弱，成熟时会破裂成小块，露出内部蜜黄色的孢体。孢丝长而细，呈现淡绿黄色，具有少量横隔和分支，其壁略增厚并带有明显的圆形凹陷。孢子发射孔口位于子实体头部的中心，直径 1～2 mm。随着子实体的老化，头部的包被会完全脱落，仅留下菌柄，其上仍附着大量孢子。孢子堆的颜色为黄褐色至土黄色，担孢子本身则呈黄褐色，形态近乎圆球或稍扁的圆球形，表面覆盖有极细微的毛刺，部分担孢子可能带有短柄或短尖头，大小 5.0～6.8 μm。孢子上的毛刺使数个孢子相互连接成团状。外包被破裂后存留在担子果，很容易萌发，长出新的芽管和分枝状的菌丝。

生态习性：夏秋期间，呈单生至散生状态生于疏林中地上、路边和草地上。

地理分布：全球分布：中国和美国等国家。中国分布：四川、江苏、浙江、江西、湖南、云南、吉林、河北、安徽、香港、黑龙江、台湾、福建、海南、陕西、山西、广州和贵州等地。标本采集于龙泉山城市森林公园的四方山管护站和凤光寺管护站。

用途或危害性：幼体可食。成熟后可入药，有生肌、止血、消炎、消肿、止痛、清肺、利喉和解毒等功效。

担子菌门 Basidiomycota | 129

图 63　头状秃马勃（*Calvatia craniiformis*）（标尺：a～c = 1 cm。）

64. *Lycoperdon perlatum* Pers. （图 64）

汉语名称： 网纹马勃。

形态特征： 子实体（担子果）高 2.5～8 cm，宽 2～6 cm，形态上呈现为倒卵形至陀螺形的变化，其表面特征显著，覆盖着易于脱落的疣状和锥形突起，这些突起脱落后会在表面留下淡色的圆点，这些圆点相互连接成网纹，在发育初期，子实体的颜色接近白色或奶油色，随后逐渐转变为灰黄色至黄色，最终老熟时呈现淡褐色。不育基部发达或伸长如柄。外包被上布满了无数细小的小疣，这些小疣之间还夹杂着较大且同样易于脱落的长刺，当长刺脱落后，会在外包被上留下淡色且平滑的斑点。孢体初期呈现青黄色，随后逐渐变为褐色，有时还可能略带紫色。孢丝长，某些部位可能呈现平直或不规则状，它们无隔且稀疏分枝，粗达 5.5 μm，颜色上则表现为淡褐色、橄榄色或栗褐色。担孢子直径 3.5～5 μm，球形，壁稍薄但具有微细的刺状或疣状突起，担孢子呈现无色或淡黄色的透明状。

生态习性： 夏秋季期间，呈群生状态生于针叶林或阔叶林中地上，有时生于腐木上或路边的草地上。

地理分布： 全球分布：亚洲等地区。中国分布：湖北、陕西、重庆和四川（卧龙等地）等地。标本采集于龙泉山城市森林公园的钟家山管护站、高石岩管护站和元包村。

用途或危害性： 幼时可食，成熟后药用，具有一定利喉、消肿、清肺、止血、解毒、抗菌作用。

担子菌门 Basidiomycota | 131

图 64　网纹马勃（*Lycoperdon perlatum*）（标尺：a～f = 1 cm。）

离褶伞科 Lyophyllaceae

65. *Termitomyces eurrhizus* (Berk.) R. Heim　　　　　　　　　　（图 65）

汉语名称：真根蚁巢伞。其他名称如根白蚁伞、鸡枞、伞把菇、鸡肉丝菇、豆鸡菇和白蚁菇等。

形态特征：子实体（担子果）中至大型。菌盖直径 3～23.5 cm，形态多样，可呈圆锥形或钟形，随着生长逐渐伸展，顶部显著凸起，形如斗笠，颜色则从灰褐色、褐色过渡到浅土黄色，老熟后可能沿径向开裂，有时达 40 cm。子实体无菌环结构。孢子印奶油色或带粉红色。担孢子大小为（7.5～8.5）μm ×（4.5～5.5）μm，无色，光滑状，体宽棒状。

生态习性：夏秋季期间，呈单生或群生状态生于山地、草坡、田野或林沿地上，其假根与地下蚁窝相连。

地理分布：全球分布：中国和斯里兰卡等国家。中国分布：华南和西南等地区。标本采集于龙泉山城市森林公园的四方山管护站。

用途或危害性：菌类肉质细腻柔嫩，散发出浓郁的自然香气，口感鲜美，是备受推崇的野生食用菌品种之一，其在国内外市场上均享有极高的声誉与销量。在李时珍所著的《本草纲目》中，此菌还被赋予了"滋养胃部、提神醒脑、辅助治疗痔疮"等传统药用价值，体现了其丰富的营养与药用双重特性。

担子菌门 Basidiomycota | 133

图65 真根蚁巢伞（*Termitomyces eurrhizus*）（标尺：a～d=1 cm。）

66. *Termitomyces microcarpus* (Berk. & Broome) R. Heim　　　　（图66）

汉语名称：小果蚁巢伞。其他名称如小蚁巢伞、小鸡枞菌、小果蚁巢伞、小果鸡枞菌、小白蚁伞和小白蚁菌等。

形态特征：子实体（担子果）小型。菌盖直径 0.3～3.8 cm，初期形态多变，可呈近球形、圆锥形乃至斗笠形，中部显著特征为明显的脐状凸起，质地肉质且偏干。菌盖表面覆盖着灰色至淡棕褐色的纤细放射状条纹，边缘常呈现反卷或开裂现象。菌肉白色，薄，无味道。菌褶白色至淡粉红色，密集排列，长度不一，呈现凹生或接近离生的状态，褶缘光滑，老化后可能呈现齿状。菌柄为圆柱形，大小为（0.8～13）cm ×（0.2～0.6）cm，白色至污白色，覆盖短绒毛或纵向条纹，基部显著膨大，通常无假根或仅存在不明显的假根结构，生于白蚁窝上，质地纤维状，带有丝光质感且实心。担子大小为（30～35）μm ×（10～12）μm，担子数量稀少，形态棒状，颜色淡黄色。菌褶菌髓平行排列。菌盖外皮层菌丝呈现平伏未分化的状态，缺乏锁状联合的特征。孢子印颜色为白色、淡红色。担孢子大小为（6～7.5）μm ×（3.3～5）μm，担孢子形态上介于宽椭圆形与近卵圆形之间，表面光滑，无色、淡粉红色，非淀粉质，内部含有1个油球。褶缘囊体近棒状至宽椭圆形，顶端钝圆至稍凸。

生态习性：夏季期间，呈群生状态生于林中地上，或败坏过的白蚁巢穴附近，或路边，或往往几个菌体靠在一起，近丛生。

地理分布：全球分布：中国、印度和斯里兰卡等国家。中国分布：云南、福建、香港、贵州和四川（成都市金堂县和绵阳市江油市养马峡等地）等地。标本采集于龙泉山城市森林公园的凤光寺管护站。

用途或危害性：子实体小，具有食用价值，味道鲜美，可与鸡枞菌媲美。

担子菌门 Basidiomycota

图66 小果蚁巢伞（*Termitomyces microcarpus*）（标尺：b～e=1 cm。）

67. *Termitomyces fuliginosus* R. Heim （图 67）

汉语名称：烟灰蚁巢伞。

形态特征：子实体（担子果）中等至较大。菌盖直径 5～13 cm，可达 20 cm，其形态初期近似斗笠，随后逐渐变得平展，顶部略显钝尖并伴有粗糙感。菌盖表面近乎平滑，色泽多样，包括烟灰色、灰褐色及浅茶褐色，表面常因放射状撕裂而露出内部纯白的菌肉。菌盖边缘在初期向内卷曲，呈现波浪状，并可能伴有条纹或开裂现象。菌褶则呈现白色，与菌盖离生，宽度适中但长度不一。菌柄长 6～15cm，粗 1～1.8cm，形状为圆柱形，中上部略显粗壮，下部则逐渐细长并延伸至蚁巢中，与菌盖相连处环绕着一圈紧密的菌丝组织。担子形态为棒状，4 孢子结构。担孢子大小为（7～9.5）μm ×（4.5～5）μm，无色，光滑，内含 1 颗大油滴，卵圆形。侧生囊状体大小为（16～25）μm ×（6～12）μm，形状为棒状。

生态习性：夏秋季期间，呈群生状态生于林中地下白蚁巢上。

地理分布：全球分布：中国和几内亚等国家。中国分布：四川和云南等地。标本采集于龙泉山城市森林公园的红花管护站。

用途或危害性：可以食用，且味鲜。

担子菌门 Basidiomycota | 137

图 67 烟灰蚁巢伞（*Termitomyces fuliginosus*）（标尺：a～d = 1 cm。）

小皮伞科 Marasmiaceae

68. *Crinipellis bidens* T. Bau (图 68)

汉语名称： 二歧毛皮伞。

形态特征： 子实体（担子果）小型。菌盖直径 4～7 mm，幼时，菌盖呈现半球形状，随后逐渐平展，中央部分常下凹形成脐状，颜色由黄褐色渐变至深褐色，表面覆盖着密集的褐色绒毛。菌肉白色，无明显的气味与味道。菌褶同样是白色，排列方式为直生，密度适中。菌柄长 0.5～1.0 cm，宽 0.6～0.9 mm，形状为圆柱形，内部中空，质地脆且骨化，颜色以褐色为主，表面密布绒毛，上部呈现黄褐色，基部颜色较深。并未发现菌索的存在。担子大小为（15～20）μm ×（4～6）μm，棒状，无色且薄壁，具 4 或 2 小梗。拟担子大小为（14～20）μm ×（3～6）μm，棒状或圆柱形。担孢子大小为（8.3～9.7）μm ×（4.9～5.8）μm，担孢子形状介于椭圆形与长椭圆形，无色，光滑，薄壁，内含油滴，且非淀粉质。褶缘囊状体大小为（17～24）μm ×（5～8）μm，数量丰富，形状为棒状，无色，薄壁；顶端具 2～3 个长 10～17 μm 的指状分枝，无色，光滑，薄壁。盖表囊状体大小为（361～586）μm ×（4～7）μm，呈现出刚毛状，无色光滑，但壁较厚，并带有横隔。菌褶菌髓规则，由宽 3～5 μm、无色、光滑、薄壁的菌丝构成。菌柄皮层则是由一系列平行的、圆柱状且壁稍加厚的细胞构成，宽 3～5 μm。柄生囊状体大小为（224～410）μm ×（5～10）μm，圆柱形或纺锤形，基部常隘缩且呈不规则弯曲，无色，厚壁。全部组织均非淀粉质，具有锁状联合特征。

生态习性： 夏季期间，群生于禾本科植物的枯茎上，营腐生生活。

地理分布： 全球分布：中国。中国分布：四川和湖北等地。标本采集于龙泉山城市森林公园的高石岩管护站和四方山管护站。

用途或危害性： 食用和药用价值不明。

图 68 二歧毛皮伞（*Crinipellis bidens*）（标尺：b～f = 1 cm。）

69. *Marasmius graminum* (Lib.) Berk. （图69）

汉语名称： 草生小皮伞。其他名称如禾小皮伞和马尾小皮伞等。

形态特征： 子实体（担子果）小型。菌盖直径1.5～5 cm，形态由扁半球形逐渐过渡到扁平状，中央区域明显下凹，形似脐部，且脐凹中心常带有细微的小尖突。菌盖颜色多变，初期为污白色至浅黄色，随着生长逐渐转变为黄褐色、深橙色乃至褐色，表面可能覆盖有不明显的绒毛，或完全光滑，同时展现出放射状、深沟状或沟纹状的纹理。菌肉薄，白色，无味道。菌褶在菌盖边缘的分布较为稀疏，每厘米约有7～9片，长度不一，颜色与菌盖相近，且为离生状态。菌柄长0.1～1 cm，直径0.5～1 mm，纤细，初时上部呈淡黄色，随后下部或整体逐渐转变为橙褐色至暗褐色。担孢子大小为（8～12）μm×（3.5～4.5）μm，长梨核形，光滑，无色。

生态习性： 呈散生状态生于阔叶林中草本植物和落叶上，或附生于林中树干上，往往大量交织在一起。

地理分布： 全球分布：德国、阿根廷、中国、日本、美国和古巴等国家。中国分布：四川（阿坝州小金县和若尔盖县等地）、广东、台湾、海南、广西、福建、西藏和浙江等地。标本采集于龙泉山城市森林公园的公平村和龙泉湖管护站。

用途或危害性： 食用和药用价值不明。

担子菌门 Basidiomycota | 141

图 69 草生小皮伞（*Marasmius graminum*）（标尺：a～e=1 cm。）

70. *Marasmius oreades* (Bolton) Fr. （图70）

汉语名称： 硬柄小皮伞。其他名称如硬柄皮伞、仙环小皮伞和仙环菌等。

形态特征： 子实体（担子果）小型。菌盖直径 2.5～5 cm，幼时扁平球形，随着成熟逐渐展平，颜色由浅肉色渐变为黄褐色，中部略显凸起，表面光滑无瑕疵，边缘在干燥时平滑，而湿润时则能隐约观察到细微的条纹。菌肉薄，近白色至带菌盖颜色。菌褶白色至污白色，为离生状态，既宽又稀疏，且长度不一。菌柄长 3～7 cm，直径 2～5 mm，圆柱形，颜色从淡黄白色渐变至褐色，表面覆盖着一层细腻的绒毛状鳞片，实心，光滑。孢子印白色。担孢子大小为（7.5～10.4）μm ×（3～6.2）μm，椭圆形，光滑，无色。

生态习性： 夏秋季群生并形成蘑菇圈，生于草地、草坪和草原上，也生于林中地上，是常见形成蘑菇圈的种类。与松树等形成外生菌根。

地理分布： 全球分布：英国、中国、美国、加拿大、澳大利亚、新西兰和希腊等国家。中国分布：四川、西藏、湖南、河北、山西、青海、广东、福建、贵州、内蒙古和安徽等地。标本采集于龙泉山城市森林公园的钟家山管护站。

用途或危害性： 可食用，具香气，味鲜；可药用，用以治疗腰腿疼痛、手足麻木、筋络不适等症。含有 17 种氨基酸（总量为 11.9%，其中有人体必需氨基酸 7 种，占总量的 40.7%）。

担子菌门 Basidiomycota | 143

图 70 硬柄小皮伞（*Marasmius oreades*）（标尺：a～d = 1 cm。）

71. *Marasmius siccus* (Schwein.) Fr. （图71）

汉语名称：干小皮伞。其他名称如琥珀小皮伞等。

形态特征：子实体（担子果）小型。菌盖直径 0.7～2 cm，质地膜状且坚韧，干燥而光滑，形态上由半球形逐渐过渡到钟形，颜色深邃，从深肉桂色渐变至琥珀褐色，中部色泽尤为浓郁，表面分布着稀疏的辐射状纹理，这些纹理一直延伸至菌盖中央。菌褶离生，白色，分布较为稀疏。菌柄细，角质，长 4～7 cm，粗 0.1～0.2 cm，内部中空，表面光滑且有光泽。菌柄顶部接近白色，而基部则覆盖着细密的白毛。担孢子大小为 (14～23) μm × (3.5～4.5) μm，其形态呈长形，基部略显尖削。

生态习性：夏秋季期间，呈散生或群生状态生于枯枝落叶上，营腐生生活。

地理分布：全球分布：中国、日本、美国和古巴等国家。中国广布。标本采集于龙泉山城市森林公园的四方山管护站和石经寺管护站。

用途或危害性：食用和药用价值不明。

担子菌门 Basidiomycota 145

图71 干小皮伞（*Marasmius siccus*）（标尺：a～e = 1 cm。）

72. *Tetrapyrgos nigripes* (Fr.) E. Horak （图72）

汉语名称：黑柄四角孢伞。其他名称如黑柄微皮伞和黑柄四塔孢等。

形态特征：子实体（担子果）小型。菌盖直径 5～10 mm，形态从扁平逐渐展平，颜色以淡灰色为主，中央区域则呈现出暗褐色至近黑色的转变，并伴有轻微的下陷，边缘则分布着清晰的辐射状沟纹。菌肉薄，灰白色。菌褶的生长方式从直生逐渐过渡到稍延生，颜色同样为灰白色，且分布略显稀疏。菌柄长 10 mm，直径 0.5～1 mm，形态接近圆柱形，颜色从暗灰色渐变至黑色，顶端则呈现出近白色的明亮色泽。担孢子宽 8～9 μm，3～5 叉，多数 4 叉，叉长达 7 μm，直径达 4 μm，担孢子表面光滑且无色，非淀粉质。

生态习性：夏季期间，生于热带和亚热带林地中的腐树枝上。

地理分布：全球分布：中国和美国。中国分布：热带和亚热带等地区有分布。标本采集于龙泉山城市森林公园的四方山管护站。

用途或危害性：食用和药用价值不明。

担子菌门 Basidiomycota | 147

图72 黑柄四角孢伞（*Tetrapyrgos nigripes*）（标尺：a～e = 1 cm。）

小菇科 Mycenaceae

73. *Mycena pura* (Pers.) P. Kumm. （图73）

汉语名称：洁小菇。

形态特征：子实体（担子果）小型，紫色。菌盖直径2～5 cm，幼时形态呈半球状，随后逐渐平展，边缘轻微上翘，幼时菌盖为紫红色，成熟后色泽略有减淡，中部颜色更深，而边缘则逐渐变淡，并呈现出规则的锯齿状开裂。菌肉薄，灰紫色。菌褶紧密排列，生长方式多样，既有直生也有近弯生，且常在菌褶间形成横脉，长度不一，颜色从白色到灰白色变化，有时呈淡紫色。菌柄长3～6 cm，直径3～7 mm，圆柱形，等粗或向下稍粗，与菌盖同色或稍淡，光滑，空心，软骨质，基部被白色毛状菌丝体。孢子印白色。担孢子大小为（6.4～8）μm ×（4～5）μm，椭圆形，光滑，无色，淀粉质。囊状体大小为（46～65）μm ×（10～16）μm，形态近似梭形至瓶状，顶端略显钝化。

生态习性：夏秋季期间，呈丛生、群生或单生状态生于林中地上和腐枝层或腐木上。

地理分布：全球分布：法国、阿根廷、中国和希腊等国家。中国分布：黑龙江、西藏、四川、山西、台湾、香港、广东、海南、新疆、青海、甘肃和陕西等地。标本采集于龙泉山城市森林公园的大河坝管护站、钟家山管护站和林家坪管护站。

用途或危害性：可食用，具有萝卜的气味。但在采集时要注意与有毒的淡紫丝盖伞相区别，后者菌盖有丝光纤毛状条纹，菌柄上部具丝幕，孢子印锈色。另外，在日本曾记载此种有毒，故食用时须注意。

担子菌门 Basidiomycota | 149

图 73 洁小菇（*Mycena pura*）（标尺：a～d = 1 cm。）

74. *Mycena abramsii* (Murrill) Murrill （图74）

汉语名称：沟纹小菇。

形态特征：子实体（担子果）小型。菌盖直径 1.3～4.5 cm，形状多变，从圆锥形到抛物面线均有，中央部分呈现钝圆突起，颜色以灰褐色至褐色为主，随着成熟逐渐转变为浅灰褐色或灰色。菌盖表面覆盖着粉霜，显得干燥且带有透明状条纹，形成了浅沟槽状纹理，边缘则显得不甚平整。菌肉部分呈现出白色，既薄又易碎，气味初期淡淀粉味，易消失，味道温和。菌褶从白色过渡到灰白色，生长方式介于直生至稍弯生之间，与菌柄连接处呈现出锯齿状的独特形态。菌柄长 2.5～9.2 cm、粗 1.0～2.5 mm，呈圆柱形且中空，质地脆如骨质，颜色从灰白渐变为灰褐色乃至暗褐色。菌柄表面干燥，上部覆盖着白色粉末状物质，而下部则较为光滑，基部则被白色菌丝体所包围。

担子大小为（23～36）μm×（8～12）μm，棒状，内部含有油滴，薄壁，4 担子结构。担孢子大小为（6.8～11.7）μm×（3.7～5.6）μm，呈长椭圆形或圆柱形，同样含有油滴，无色，光滑，薄壁，具有淀粉质特征。褶缘囊状体大小为（27～49）μm×（8～14）μm，丰富，形态包括纺锤形、圆柱形、尖顶细烧瓶形以及中央腹鼓形，光滑，无色，薄壁。侧生囊状体未见。菌盖表皮菌丝直径 2～5 μm，表面密布着长圆柱形的疣突，大小为（2.6～8.3）μm×（1.2～2.6）μm。菌柄皮层菌丝直径 3～8 μm，表面同样被圆柱形疣突所覆盖，大小为（1.4～7.4）μm×（1.5～2.3）μm，薄壁。所有组织具锁状联合。

生态习性：夏秋季期间，呈单生、散生或群生状态生于樟子松、落叶松等针叶林中的枯枝落叶层上。

地理分布：全球分布：欧洲的丹麦、俄罗斯、芬兰、荷兰、挪威、葡萄牙、瑞典、瑞士、西班牙、匈牙利、意大利和英国，北美洲的加拿大和美国，亚洲的印度、中国、土耳其、韩国和伊朗。中国分布：山西、内蒙古、吉林、黑龙江、山东、四川和云南等地。标本采集于龙泉山城市森林公园的四方山管护站和高石岩管护站。

用途或危害性：食用和药用价值不明。

担子菌门 Basidiomycota 151

图 74 沟纹小菇（*Mycena abramsii*）（标尺：a, b = 7 mm；c, d = 3 mm。）

75. *Mycena adnexa* T. Bau & Q. Na （图 75）

汉语名称：弯生小菇。

形态特征：子实体（担子果）小型。菌盖直径 1.5～5.0 mm，形态多变，包括凸镜形和钟形，幼时中央呈乳头状突起，随后逐渐变为钝圆。颜色以白色或乳白色为主，幼时中央略带淡土黄色，表面覆盖着淀粉状颗粒，湿润时略显黏滑，并显现出半透明状条纹，这些条纹交织成浅沟槽，使得边缘呈现出不平整且略带波浪状的外观。菌肉白色，薄，易碎，气味与味道淀粉味。菌褶则为白色，生长方式从弯生逐渐过渡到稍延生，形态狭窄，与菌柄连接处形成明显的锯齿状结构。菌柄长 0.4～1.6 cm、粗 1.0～1.5 mm，圆柱形，中空，脆骨质，白色，菌柄表面密布着淀粉粒，基部呈现圆头状，少量白色细小绒毛。

担子大小为（23～58）μm ×（11～19）μm，形态多样，包括棒状、纺锤形和圆柱形等，上部常呈现出细长颈状，表面光滑无色且薄壁。担孢子大小为（6.0～9.6）μm ×（3.2～5.3）μm，呈现长椭圆形，内含油滴，表面光滑无色，薄壁且富含淀粉质。侧生囊状体未见。菌盖表皮菌丝直径 3～6 μm，表面具长棒状突起，大小为（2.9～11.9）μm ×（1.8～4.4）μm。菌柄表层菌丝直径 2～8 μm，柄生囊状体大小为（24～33）μm ×（8～12）μm，形态包括捆绑状和圆柱状等，表面具有几个短钝圆突起，同样呈现出薄壁特征。所有组织具锁状联合。

生态习性：夏秋季期间，呈散生和群生状态生于壳斗科植物，银杏、马尾松、火炬松和云杉等针阔混交林中的腐木或枯枝上。

地理分布：全球分布：亚洲（中国）等地区。中国分布：浙江、河南、湖南、云南和四川等地。标本采集于龙泉山城市森林公园的高石岩管护站。

用途或危害性：食用和药用价值不明。

担子菌门 Basidiomycota

图 75　弯生小菇（*Mycena adnexa*）（标尺：b～d = 0.5 cm。）

76. *Mycena castaneicola* T. Bau & Q. Na （图 76）

汉语名称： 栗生小菇。

形态特征： 子实体（担子果）小型。菌盖直径 1.5～4.6 mm，幼时呈圆锥形，随后逐渐转变为凸镜形或半球形，中央部位具有钝圆突起。颜色上，菌盖整体呈白色，中央区域则可能显现米黄色至浅黄褐色，菌盖表面密布着细小的白色绒毛，伴有半透明状条纹，这些条纹交织成浅沟槽，使得边缘区域呈现出不平整且带绒毛的外观。菌肉白色，薄，易碎，无明显的气味和味道。菌褶则为白色，生长方式从直生逐渐过渡到稍弯生，与菌柄的连接处呈现出锯齿状的细节。菌柄长 0.12～2.1 cm、粗 0.5～0.7 mm，圆柱形，中空，脆骨质，细，白色，密被白色细小绒毛，基部形成白色绒毛状圆盘。

担子大小为（18～24）μm ×（5～8）μm，呈棒状，内部含有油滴，且薄壁，具 2 小梗。担孢子则呈现长椭圆形，大小为（5.8～9.2）μm ×（3.2～5.7）μm，同样内含油滴，表面光滑无色，薄壁且富含淀粉质。褶缘囊状体大小为（16～38）μm ×（17～26）μm，丰富，形态包括近球形、倒梨形和倒卵圆形，表面布满了密集的刺状疣突，无色，薄壁。侧生囊状体未见。菌盖表皮菌丝直径 2～6 μm。菌柄皮层菌丝直径 2～7 μm，柄生囊状体大小为（34～67）μm ×（6～12）μm，长棍棒状和圆柱形等，且表面被密集的刺状突起所覆盖。所有组织无锁状联合现象。

生态习性： 夏秋季期间，群生于板栗、柏树等果实上。

地理分布： 全球分布：亚洲（中国）等地区。中国分布：四川和河南等地。标本采集于龙泉山城市森林公园的四方山管护站。

用途或危害性： 食用和药用价值不明。

担子菌门 Basidiomycota | 155

图 76 栗生小菇（*Mycena castaneicola*）（标尺：a～c = 1 cm；d = 0.5 cm。）

光茸菌科 Omphalotaceae

77. *Collybiopsis biformis* (Peck) R.H. Petersen （图 77）

汉语名称： 双型拟金钱菌。其他名称如双型裸脚伞等。

形态特征： 子实体（担子果）小至中型。菌盖长 0.5～1.2 cm，幼时凸镜形，成熟时平展，中央部分略微凹陷，边缘则向上卷曲；颜色上，幼时表现为淡红褐色，成熟后转变为深邃的肉桂褐色，而边缘颜色相对较浅；菌盖表面光滑，干燥，具有明显的条纹。菌褶的生长方式为直生，分布较为稀疏，白色至灰褐色。菌柄长 2～4 cm，圆柱状，位置偏中生；顶部初始为淡黄褐色，随着向基部延伸，颜色逐渐加深至淡红褐色；表面覆盖有细微的绒毛，直插入基物内。担子大小为（17～20）μm ×（4.3～6）μm，棒状。担孢子大小为（6.2～7.8）μm ×（3.0～3.8）μm，形态从椭圆形变化至长椭圆形，表面光滑且壁薄。缘生囊状体大小为（23～31）μm ×（5.3～7.1）μm，形状从直棒状到弯曲的棒状不等，顶部具有多个分裂点。存在锁状联合。

生态习性： 夏秋季期间，常见于森林地面的落叶层上。

地理分布： 全球分布：中国和美国。中国分布：华南和西南等地区常见。标本采集于龙泉山城市森林公园的四方山管护站。

用途或危害性： 食用和药用价值不明。

担子菌门 Basidiomycota | 157

图 77 双型拟金钱菌（*Collybiopsis biformis*）（标尺：a～d = 1 cm。）

78. *Collybiopsis confluens* (Pers.) R.H. Petersen （图 78）

汉语名称： 绒柄拟金钱菌。其他名称如绒柄裸脚伞等。

形态特征： 子实体（担子果）小至中型。菌盖直径 1.5～4 cm，初始形态呈现钟状或凸镜状，随后逐渐展开并趋于平坦，中央部分略呈微凸状，表面光滑细腻，伴有自中心向边缘辐射的细纹或细微纤维结构，颜色为淡褐色至淡红褐色渐变。菌肉较薄，淡褐色。菌褶的生长方式多样，既有弯生也有离生，排列紧密且宽度较窄，长度不一，颜色从浅灰褐色过渡到米黄色，褶边则呈现出纯白色泽。菌柄长 4～8.5 cm，直径 3～6 mm，形状为圆柱形，位置偏向菌盖中央，表面可能光滑无瑕或带有浅浅的沟纹，颜色为淡红褐色，并随着向基部延伸而逐渐加深，基部区域还覆盖有一层细腻的白色绒毛。担孢子大小为（5.7～8.6）μm ×（3.1～4.4）μm，椭圆形，表面光滑无附着物，透明无色，且不具备淀粉质特性。

生态习性： 夏季或秋季期间，呈群生或近丛生状态生于林中腐枝层或落叶层上。

地理分布： 全球分布：中国和美国等国家。中国广布。标本采集于龙泉山城市森林公园的龙泉湖管护站、石经寺管护站和林家坪管护站。

用途或危害性： 具有食用价值。

担子菌门 Basidiomycota

图78 绒柄拟金钱菌（*Collybiopsis confluens*）（标尺：a～e = 1 cm。）

79. *Collybiopsis subnuda* (Ellis ex Peck) R.H. Petersen （图 79）

汉语名称： 近裸拟金钱菌。其他名称如近裸裸脚伞等。

形态特征： 子实体（担子果）小至中型。菌盖长 1.5～4.5 cm，形态从钟形逐渐过渡到凸镜形，颜色多变，包括橙白色、淡橙色以及灰色，中央区域特征性地长有乳突，表面既光滑又干燥，边缘呈现出内卷的特点，且未发现有显著的条纹或沟纹。菌褶的生长方式为直生，且排列相对紧密，橙白色；菌柄长 3.0～6.0 cm，位置偏中生，颜色上带有微妙的白色与淡橙色交织的色调，表面光滑无瑕，直接深入基质之中。担子大小为（21～30）μm×（4.5～6.5）μm，棍棒状，4 担子结构；担孢子大小为（7.0～9.0）μm×（2.5～3.5）μm，椭圆形，光滑，壁薄。拟侧丝大小为（18～27）μm×（3.0～5.5）μm，棒状。褶缘囊状体大小为（25～61）μm×（5.0～10）μm，棒状，顶端或具小突起盖皮层菌丝宽 3.0～5.0 μm。存在锁状联合。

生态习性： 呈群生状态常生于森林中的落叶层的土壤上。

地理分布： 全球分布：中国和美国等国家。中国分布：华南和西南等地区。标本采集于龙泉山城市森林公园的四方山管护站。

用途或危害性： 食用和药用价值不明。

担子菌门 Basidiomycota | 161

图 79　近裸拟金钱菌（*Collybiopsis subnuda*）（标尺：a, b = 1 cm。）

80. *Connopus acervatus* (Fr.) K.W. Hughes, Mather & R.H. Petersen　　（图 80）

汉语名称：堆联脚伞。其他名称如堆裸脚伞、堆钱菌和堆金钱菌等。

形态特征：子实体（担子果）小型。菌盖直径 0.5～7 cm，幼时菌盖凸镜形，边缘自然内卷，中部略显隆起，随着成熟，菌盖逐渐平展，边缘外翻，颜色由浅土黄色渐变至深土黄色，表面光滑，边缘在湿润时呈现出水浸状外观，并隐约可见不明显的条纹。菌肉白色，薄，伤不变色。菌褶的生长方式多样，从直生到近乎离生均有，排列紧密，颜色由浅黄色逐渐过渡到浅褐色，且长度不一。菌柄细长，圆柱形，有时扁圆或扭转，长 3～10 cm，粗 0.2～0.7 cm，颜色由浅褐色逐渐加深至黑褐色，纤维质，空心，基部具白色绒毛。孢子印白色。担孢子大小为（5～7.7）μm ×（2～3.8）μm，无色，光滑，形状为泪滴状至椭圆形。

生态习性：夏秋季期间，呈丛生至群生状态生于针叶林和针阔混交林中的地上或腐木上。

地理分布：全球分布：亚洲等地区。中国分布：吉林、云南、福建和四川（阿坝州小金县、攀枝花米易县和雅安名山区等地）等地。标本采集于龙泉山城市森林公园的石经寺管护站。

用途或危害性：可食用。个体虽小，却往往大量生长，便于收集利用。含有 17 种氨基酸以及 11 种矿质元素。

担子菌门 Basidiomycota | 163

图 80 堆联脚伞（*Connopus acervatus*）（标尺：a～c = 1 cm。）

81. *Gymnopus dryophilus* (Bull.) Murrill　　　　　　　　　　　　　　　　　（图 81）

汉语名称： 栎裸柄伞。其他名称如栎裸脚伞、栎金钱菌和喜栎金钱菇等。

形态特征： 子实体（担子果）小至中型。菌盖直径 1～7 cm，初期凸镜形，成熟后逐渐展平，表面色泽由赭黄渐变至浅棕，中心区域颜色偏深，边缘则渐淡或呈白色，整体光滑且略带黏性，边缘形态自平直至微波浪状不等，有时可见水渍状痕迹。菌肉近似菌盖色，伤不变色，薄。菌褶排列方式为离生，密度适中，污白色至浅黄色，长度不一，褶缘平滑或偶见细微锯齿状。菌柄长 2.5～6 cm，粗 0.1～0.3 cm，形状为圆柱形，淡土黄色，上部色淡，光滑，脆，空心，基部略显膨大并覆盖有白色绒毛。孢子印白色。担孢子大小为（4～6.3）μm ×（2.5～3.5）μm，无色透明，表面光滑，形状为椭圆形，且不具有淀粉质特性。

生态习性： 夏秋季期间，群生或近丛生状态生于林中地上的枯枝落叶层。

地理分布： 全球分布：法国和中国等国家。中国分布：黑龙江、河南、广西、福建、云南、四川和西藏等地。标本采集于龙泉山城市森林公园的龙泉湖管护站、钟家山管护站和长松寺管护站。

用途或危害性： 食用和药用价值不明。对热带果树如椰子等有微弱的寄生性。

担子菌门 Basidiomycota

图 81 栎裸柄伞（*Gymnopus dryophilus*）（标尺：a～d = 1 cm。）

82. *Gymnopus longus* J.J. Hu, B. Zhang & Yu Li （图 82）

汉语名称：长梗裸脚伞。

形态特征：子实体（担子果）小至中型。菌盖直径 1.7～3.7 cm，凸型到扁平或外卷，光滑，潮湿，中心为红棕色，向边缘浅红棕色到棕色，边缘白色到浅黄色或浅棕色，全缘。菌肉薄，肉质，浅红棕色，无气味。菌柄中生，圆柱状至棍棒状，长 3.7～4.3 cm、宽 0.3～0.6 cm，红棕色，上部具褐色粉质，基部被白色至浅红棕色绒毛，中空，丝状。菌褶贴生，白色到浅黄色，密集。担子大小为（19～29）μm ×（6～9）μm，2～4 孢子结构，透明，薄壁，棒状柱头长达 33 μm。担孢子大小为（5.6～8.0）μm ×（3.0～4.9）μm，光滑，透明，薄壁，无棱。盖表囊状体大小为（21～30）μm ×（5～7）μm，棒状，顶部钝，透明，薄壁，光滑。菌盖皮层由不规则交织菌丝组成，菌丝上具不规则分支的末端，透明到浅棕色。

生态习性：夏季期间，呈散生或群生状态生于阔叶林下。

地理分布：全球分布：中国。中国分布：四川和吉林等地。标本采集于龙泉山城市森林公园的红花管护站。

用途或危害性：食用和药用价值不明。

图 82 长梗裸脚伞（*Gymnopus longus*）（标尺：a, b = 1 cm。）

83. *Marasmiellus candidus* (Fr.) Singer （图 83）

汉语名称：纯白微皮伞。其他名称如白微皮伞等。

形态特征：子实体（担子果）小型。菌盖宽 0.5～3 cm，形状多变，包括扁平、钟形、凸镜形至完全平展，中央区域略呈凹陷，质地膜状，色泽从纯白渐变至灰白，表面覆盖有细微绒毛，边缘特征为条纹或沟条纹装饰。菌肉为白色，极薄，无味道。菌褶直生至短延生，稀，白色，不等长，稍有分枝和横脉。菌柄长 0.3～2 cm，直径 1.5～4 mm，圆柱形，白色，下部色暗，后变暗灰褐色。担孢子大小为（10～17）μm ×（3～5）μm，形状类似瓜子至长椭圆形，表面光滑无瑕疵，无色透明，且不具备淀粉质特性。

生态习性：呈群生或丛生状态生于阔叶树的腐木或枯枝上。

地理分布：全球分布：英国、中国、日本和加拿大等国家。中国分布：华南和西南等地区。标本采集于龙泉山城市森林公园的四方山管护站。

用途或危害性：食用和药用价值不明。

担子菌门 Basidiomycota

图 83 纯白微皮伞（*Marasmiellus candidus*）（标尺：b～d = 1 cm。）

84. *Rhodocollybia butyracea* (Bull.) Lennox　　　　　　　　　　　（图84）

汉语名称： 乳酪状红金钱菌。其他名称如乳酪金钱菌、乳酪小皮伞和乳酪粉金钱菌等。

形态特征： 子实体（担子果）小至中型。菌盖直径 2～7 cm，初期呈半球状，随后逐渐展开如伞，中部隆起；颜色多样，以暗红褐色或褐色为主调，间或带有黄色、土黄色乃至褐至污白色，顶部颜色较深，边缘则逐渐过渡至土黄色；表面常展现出水浸般的湿润感，触感平滑，边缘形态有时接近波浪状。菌肉白色或带粉褐色，中部较为厚实，而边缘则相对较薄，气味温和。菌褶白色至污白色，生长方式从直生到接近离生，排列紧密且薄透，边缘呈锯齿状，长度不一，同样带有锯齿状特征。菌柄细长，长 4～8 cm，直径 3～8 mm，圆柱形，基部有所膨大，表面覆盖着细毛，颜色由淡黄色渐变至土黄色，干燥后转为暗褐色。基部区域还可见黄白色至淡黄色的细毛，内部空心，并带有纵向条纹。孢子印白色。担孢子大小为（5～7.5）μm ×（3～4.5）μm，形状为椭圆形，光滑，无色透明，且不具备淀粉质特性。

生态习性： 夏秋季期间，呈单生或群生状态生于针叶林和针阔混交林中的地上。

地理分布： 全球分布：西班牙和中国等国家。中国分布：云南、四川（阿坝州若尔盖县、小金县和甘孜州康定市等地）、甘肃、西藏、黑龙江、河南及香港等地。标本采集于龙泉山城市森林公园的钟家山管护站。

用途或危害性： 可食用，含 17 种氨基酸以及 11 种矿质元素。

担子菌门 Basidiomycota | 171

图 84　乳酪状红金钱菌（*Rhodocollybia butyracea*）（标尺：a～c = 1 cm。）

黄侧耳科 Phyllotopsidaceae

85. *Pleurocybella porrigens* (Pers.) Singer （图 85）

汉语名称：贝形圆孢侧耳。

形态特征：子实体（担子果）小至中型；初期多呈圆形，往往展现出圆润的轮廓，随后逐渐演变为贝形、扇形或半圆形，光滑，水浸状，纯白色，基部有绒毛，边缘部分自然内卷，且不具备明显的菌柄结构；子实体通体白色。菌盖直径为 2～6 cm，光滑，基部白色，有绒毛，边缘内卷。菌肉白色，薄。菌褶自基部放射状生出，白色，分叉，窄，密集，长度不一。孢子印白色。担孢子大小为（5～7）μm×（3.5～6）μm，光滑无色，球形至近球形。

生态习性：呈单生、丛生或叠生状态腐生于倒伏的针叶树的树枝上。

地理分布：全球分布：德国、中国、日本、美国和加拿大等国家。中国分布：福建、云南、西藏、海南、北京、甘肃、广东、贵州、山西、吉林、香港、安徽、河南、湖北和四川等地。标本采集于龙泉山城市森林公园的大河坝管护站。

用途或危害性：毒菌。中毒症状：走路不稳、下肢无力、失语、意识障碍、痉挛等，尤其在肾功能低下的情况下，急性脑病发作可导致死亡。除此之外，也能引起木材腐朽。

担子菌门 Basidiomycota | 173

图 85　贝形圆孢侧耳（*Pleurocybella porrigens*）（标尺：c = 1 cm。）

膨瑚菌科 Physalacriaceae

86. *Armillaria mellea* (Vahl) P. Kumm. （图 86）

汉语名称： 蜜环菌。其他名称如榛蘑等。

形态特征： 子实体（担子果）中型。菌盖直径 4 ～ 14 cm，颜色变化丰富，从淡土黄色、蜜黄色逐渐过渡到浅黄褐色，随着成熟则可能转变为棕褐色。菌盖中部装饰有平伏或直立的鳞片，有时也接近光滑状态，边缘具明显的条纹。菌肉颜色柔和，以白色为主，偶尔略带肉粉色，其生长方式多样，从直生到延生不等，且随着年龄增长，可能显现出暗褐色的斑痕。菌柄细长且呈圆柱形，略带弯曲，长 5 ～ 13 cm，粗 0.6 ～ 1.8 cm，与菌盖同色，表面常覆盖有纵条纹和微小的毛状鳞片，内部松软至中空，基部稍膨大。菌环乳白色，位于柄上部，幼时甚至呈现双层结构。孢子印白色。担孢子大小为（7 ～ 11.3）μm ×（3 ～ 7）μm，无色或稍带黄色，光滑，椭圆形或近卵圆形。

生态习性： 呈群生或丛生状态常生于阔叶林中的腐木上。

地理分布： 全球分布：分布广泛。中国广布。标本采集于龙泉山城市森林公园的四方山管护站。

用途或危害性： 兼有食、药用价值。营养丰富，粗蛋白质、糖类含量较高，含有 17 种氨基酸和 11 种矿质元素。蜜环菌与天麻之间存在着一种独特的、基于营养物质互换的共生现象，这种关系在自然界中颇为罕见且意义重大。在这种共生体系中，蜜环菌不仅作为天麻生长的关键伙伴，还通过其菌丝网络为天麻提供必要的营养支持，包括有机物质、矿物质及可能的激素类物质，这些成分对于天麻的生长发育至关重要。同时，天麻也通过其根系或其他生理机制回馈蜜环菌，尽管具体回馈形式可能较为复杂且尚未完全阐明，但普遍认为天麻能够改善土壤微环境，促进蜜环菌的生长和繁殖，或者通过某些生物化学过程为蜜环菌提供有益的代谢产物。此外，蜜环菌也是森林和果园树木重要的致病菌。

担子菌门 Basidiomycota | 175

图86 蜜环菌（*Armillaria mellea*）（标尺：a～d = 1 cm。）

87. *Cyptotrama asprata* (Berk.) Redhead & Ginns （图 87）

汉语名称： 粗糙鳞盖菇。其他名称如粗糙金褴伞等。

形态特征： 子实体（担子果）小至中型。子实体初期多为半球形，后逐渐平展；初期呈橘黄色，逐渐成熟以后颜色变为金黄色至柠檬色。菌盖大小为 1～5 cm，表面有针状凸起；颜色初期呈橘黄色，随着成熟颜色变为金黄色至柠檬色；湿润时，菌盖表面较黏。菌褶为白色，密度较为稀疏，长度不一。菌柄长 1.5～6 cm，直径 0.2～0.5 cm，形状为圆柱形，质地为纤维质，颜色与菌盖一致。孢子印白色。担子大小为（20～60）μm ×（6～8）μm，4孢子结构，形状为棍棒状，无色透明质。担子小梗长 5～6 μm。担孢子大小为（7～10）μm ×（4.5～7.5）μm，橄榄状至柠檬状，薄壁，光滑，无色透明。非淀粉质，非拟糊精质。褶缘囊状体与侧生囊状体这两种囊状体都存在，二者形态、大小相似，大小为（50～90）μm ×（9～16）μm，纺锤形，薄壁到稍厚壁，无色透明。盖面囊状体缺失。

生态习性： 呈单生或群生状态，常见于潮湿的腐木环境下，营腐生生活。

地理分布： 全球分布：热带、亚热带甚至温带地区广泛分布，如南亚和东南亚（斯里兰卡和老挝）、东亚（中国、日本、韩国）、法国（马提尼克岛）、新西兰和美国（夏威夷岛）等地区。中国分布：湖北、云南、湖南、甘肃、广东、海南、四川和台湾等地。标本采集于龙泉山城市森林公园的高石岩管护站、林家坪管护站和元包村。

用途或危害性： 可能引起木材腐朽，也能分解枯枝。食、毒性不明。有资料记载日本有采食习惯，但在其他地方有中毒事件发生，采食时应注意。

担子菌门 Basidiomycota

图 87　粗糙鳞盖菇（*Cyptotrama asprata*）（标尺：a, c = 1 cm；b = 5 mm。）

88. *Desarmillaria tabescens* (Scop.) R.A. Koch & Aime （图88）

汉语名称： 易逝无环蜜环菌。其他名称如发光假密环菌等。

形态特征： 子实体（担子果）中等大小。子实体幼时呈现扁半球形，随后逐渐平展，边缘部分偶尔会上翘，颜色则由初生的蜜黄色和黄褐色逐渐加深，最终转变为深褐色。菌盖大小为 2.8～8.5 cm，黄褐色，菌盖中部常见褐色小鳞片。菌褶白色至污白色，或稍带暗肉粉色，着生方式近延生，密度稍稀，长度不一。菌柄细长，长为 2～12.5 cm，粗为 0.2～1 cm；颜色不统一，中上部颜色较浅为污白色，中部往下则逐渐转为灰褐色乃至黑褐色；菌柄有丝状纤毛，内部结构松软；菌柄上无菌环。孢子印近白色。担子大小为（25～40）μm ×（7～10）μm，棒状，4孢子结构。担孢子大小为（7.5～10）μm ×（5.0～7.5）μm，色透明，表面光滑，无淀粉质成分，宽椭圆形至近卵圆形。锁状联合常见。

生态习性： 夏秋季期间，常生于树木上或腐木上，易生于立木的根部。此种真菌容易引起桃树、梨树等的根腐病。

地理分布： 全球分布：亚洲、北美洲和欧洲均有分布。中国分布：吉林、辽宁、内蒙古、江苏、甘肃、福建、河南、河北、陕西、浙江、安徽、山西、湖南、云南、四川、贵州和江西等地。四川分布广泛，如广元市青川县、成都市蒲江县和西昌市等地。标本采集于龙泉山城市森林公园的四方山管护站。

用途或危害性： 兼有食、药用价值。

担子菌门 Basidiomycota

图 88 易逝无环蜜环菌（*Desarmillaria tabescens*）（标尺：a～d = 1 cm。）

89. *Flammulina velutipes* (Curtis) Singer （图89）

汉语名称：金针菇。其他名称如野生型冬菇和构菌等。

形态特征：子实体（担子果）中型。子实体的生长方式独特，它们沿着菌柄向下延伸，直至基部紧密相依。幼时呈现半球形，随着成熟逐渐展开平展，有时边缘稍翻起，黄色至褐色，湿润时较黏。菌褶颜色不同于菌盖，菌褶颜色多为白色，也见有淡黄褐色；密度稍密，长度不一，着生方式为弯生。菌柄颜色深褐色，表面具黄褐色或深褐色的短绒毛，连接菌褶部分颜色较浅，为中空的圆柱形，质地纤维质，菌柄长 3～5 cm。担子为 4 孢子结构。担孢子大小为（6.5～7.8）μm ×（3.5～4）μm，无色或淡黄色，表面光滑，长椭圆形。缘生囊状体和侧生囊状体这两种囊状体均存在，呈囊状至烧瓶状，壁薄或稍厚。盖面囊状体存在，厚壁。存在锁状联合现象。

生态习性：在早春、晚秋和初冬，天气气温较低的时候多见，呈丛生状态常见于腐木的木桩和树木根部。

地理分布：全球分布：分布广泛，在中国、日本、俄罗斯、澳大利亚、欧洲、北美洲等地区均有分布。中国分布：分布广泛，如黑龙江、辽宁、陕西、甘肃、北京、四川和安徽等地。在四川为常见种，无明显地域特征。标本采集于龙泉山城市森林公园的红花管护站、钟家山管护站和龙泉湖管护站。

用途或危害性：可食用，且能人工栽培。为世界上著名的食用菌，营养丰富，粗脂肪、糖类、粗纤维、灰分、粗蛋白等物质含量较高，还含镁、钾、铁、钠和维生素 C 等。另外，该菌会使树木木质部形成黄白色腐朽。

担子菌门 Basidiomycota | 181

图 89 金针菇（*Flammulina velutipes*）（标尺：a～g = 1 cm。）

90. *Hymenopellis raphanipes* (Berk.) R.H. Petersen （图 90）

汉语名称： 卵孢长根菇。其他名称如长根小奥德蘑、露水鸡枞和黑皮鸡枞等。

形态特征： 子实体（担子果）中至大型。菌盖直径 3～10 cm，近钟形至平展，有时有反卷情况；表面从褐色、深褐色、灰褐色到黄褐色不等，湿润时更显得黏滑。菌肉白色或污白色。菌褶直生至弯生，分布较为稀疏且长度不一，颜色以米色或白色为主。菌柄细长，长 5～30 cm，直径 0.5～2 cm；上部呈白色，中下部成浅褐色；表面具浅褐色鳞片。孢子印白色。担子为 4 孢子结构。担孢子大小为（14～18）μm ×（10～13）μm，形状椭圆形至卵形，光滑，透明，非淀粉质。

生态习性： 常见于地下的腐木上，单生。夏秋季期间，生于林地中，假根连着地下腐木。

地理分布： 全球分布：中国和印度等国家。中国分布：河南、四川（攀枝花市和凉山州等地）、贵州、西藏、湖南、台湾、黑龙江、吉林、广东、江苏、浙江、安徽、海南、香港和广西等地。标本采集于龙泉山城市森林公园的四方山管护站和凤光寺管护站。

用途或危害性： 可以食用。市场上培育出的黑鸡枞是其栽培种，此类真菌含有 17 种氨基酸及 11 种矿物质元素。

担子菌门 Basidiomycota | 183

图 90 卵孢长根菇（*Hymenopellis raphanipes*）（标尺：a～d = 1 cm。）

91. *Oudemansiella bii* Zhu L. Yang & Li F. Zhang （图91）

汉语名称：毕氏小奥德蘑。

形态特征：子实体（担子果）中型。菌盖直径4～8 cm，生长初期呈扁半球形，逐渐成熟后平展，中部两突起，光滑，稍有皱纹，湿时稍黏滑，黄褐色、灰黄褐色至灰褐色，有时较淡，呈灰黄色。菌肉白色，受伤不变色。菌褶白色，稍稀。菌柄圆柱形，近地面部分最粗，顶端近白色，向下有与菌盖同色的小鳞片；菌柄连同假根总长13～20 cm，直径0.5～1 cm，其中地上部分长5～10 cm，地下常有假根长达10 cm。担孢子大小为（12～16）μm ×（10～13）μm，宽椭圆形，光滑，无色，非淀粉质。

生态习性：呈散生状态常见于阔叶林地之中。

地理分布：全球分布：中国。中国分布：四川、广东和重庆等地。标本采集于龙泉山城市森林公园的长松寺管护站。

用途或危害性：可以食用。

担子菌门 Basidiomycota | 185

图 91　毕氏小奥德蘑（*Oudemansiella bii*）（标尺：a～e = 1 cm。）

光柄菇科 Pluteaceae

92. *Pluteus cervinus* (Schaeff.) P. Kumm. （图 92）

汉语名称：灰光柄菇。

形态特征：子实体（担子果）中至大型。菌盖直径 4～10 cm，初期呈半球形或凸镜状，随后逐渐展平或趋于平坦；中央区域湿润且略带黏性，颜色多为烟褐色、深褐色或焦茶色，表面覆盖着贴生的絮状绒毛。当子实体成熟时，菌褶边缘会呈现出波形浅裂。菌肉灰白色带淡红色，厚实。菌褶排列紧密，初期为纯白色，随生长过程逐渐转变为浅葡萄酒色至粉褐色，且呈现离生状态。菌柄长 4～11 cm，直径 0.5～1.5 cm，圆柱形，形状近似圆柱形，基部稍有膨大，形似球根，整体呈白色。菌柄表面分布着深色或黑褐色的长纤毛，担子呈现出棍棒状，2 孢子结构。担孢子大小为（5.5～8）μm ×（4.5～8）μm，形状近似圆柱形，基部稍有膨大，形似球根，担孢子中央具有小油滴，且不具备淀粉质特性。

生态习性：呈单生、散生或群生状态生于各种落叶树的腐木上，少生于针叶树的腐木上。

地理分布：全球分布：欧洲、亚洲和美洲等地区。中国分布：内蒙古、四川，东北、西北和华中等地区。标本采集于龙泉山城市森林公园的元包村。

用途或危害性：可以食用，但味较差。

担子菌门 Basidiomycota

图 92 灰光柄菇（*Pluteus cervinus*）（标尺：a～c = 1 cm。）

93. *Pluteus leoninus* (Schaeff.) P. Kumm. （图 93）

汉语名称：狮黄光柄菇。

形态特征：子实体（担子果）小至中型。菌盖直径 3～7 cm，其形态初期近钟形或扁半球形，随后发展为扁平状，中部略有凸起。菌盖颜色鲜亮，以鲜黄或橙黄色为主，顶部颜色可能更深或伴有皱褶状凸起，表面湿润，边缘有细条纹及光泽。菌肉部分呈现白色略带黄色，质地较薄且脆。菌褶在初期为纯白色，随后逐渐转变为粉红色或肉色，排列紧密且稍宽，但长度不一，呈离生状态。菌柄长 3～8 cm，粗 0.4～1 cm，自上而下逐渐增粗，基部有轻微膨大现象，颜色为黄白色。菌柄表面可能带有纵条纹或深色纤毛状鳞片，内部组织从松软逐渐变化至空心状态。孢子印肉色。担孢子大小为（5.5～7）μm ×（4.5～6）μm，带浅黄色，表面光滑，形状接近球形。

生态习性：夏、秋季期间，呈群生或丛生状态生于阔叶树的倒腐木或锯末上。

地理分布：全球分布：德国、乌克兰、中国和加拿大等国家。中国分布：四川、河南、云南、西藏、黑龙江、吉林、辽宁和香港等地。标本采集于龙泉山城市森林公园的四方山管护站。

用途或危害性：可以食用，但口味不佳。

担子菌门 Basidiomycota | 189

图93　狮黄光柄菇（*Pluteus leoninus*）（标尺：a～d = 1 cm。）

94. *Volvariella brumalis* S.C. He (图94)

汉语名称：冬小包脚菇。

形态特征：子实体（担子果）中至大型。菌盖宽 3 ~ 10 cm；初期钟形到后续平展，中央部分显著凸起；菌盖边缘呈现灰白色，菌盖中央呈现棕灰色。菌褶发育初期白色，随着时间的推移逐渐转变为粉红色，与菌柄保持离生状态，长度不一，形态上略显鼓胀。菌肉白色，薄。菌柄长 4 ~ 11 cm，粗 0.5 ~ 1.2 cm，形状接近圆柱形，基部稍有膨大，整体呈白色，表面带有丝光质感，质地纤维状且实心。菌托白色，杯状，薄，易脱落，地下生。孢子印粉红色。担孢子大小为（8 ~ 16）μm ×（7.2 ~ 9）μm，形状为椭圆形，不光滑，表面具有不规则的斑块。

生态习性：冬、春季期间，单生于小麦地或油菜地上。

地理分布：全球分布：中国。中国分布：四川和贵州（遵义市、龙里县、贵定县）等地。标本采集于龙泉山城市森林公园的元包村。

用途或危害性：具有食用价值。

担子菌门 Basidiomycota | 191

图94　冬小包脚菇（*Volvariella brumalis*）（标尺：a～c = 1 cm。）

95. *Volvariella hypopithys* (Fr.) Shaffer （图 95）

汉语名称： 白毛小包脚菇。

形态特征： 子实体（担子果）小至中型。菌盖直径 2～6 cm，白灰色，钟状到凸形，近凸形，干燥，纤维状，丝滑，边缘稍具条纹。菌柄长宽为（2～8）cm ×（0.3～0.5）cm，白色，圆柱状，具球状基部，固体，密被长柔毛，卷膜质，波状，浅裂。菌褶肉粉色，密集，狭窄，边缘流苏状，白色。担子大小为（15～70）μm ×（8～30）μm，棍棒状，4 孢子结构。侧生囊状体拟纺锤状至纺锤状膨大，有时具扩大的先端或收缩的基部。盖表囊状体大小为（20～85）μm ×（8～35）μm，纺锤状膨大，棒状或哑铃形。担孢子大小为（5.0～6.5）μm ×（3.3～4.0）μm，卵球形。

生态习性： 夏秋季期间，呈单生状态生于柏树、青冈混交林地之中。

地理分布： 全球分布：欧洲、亚洲和美洲。中国分布：西南、东北、华北及华南等地区。标本采集于龙泉山城市森林公园的凤光寺管护站。

用途或危害性： 食用和药用价值不明。

担子菌门 Basidiomycota

图 95 白毛小包脚菇（*Volvariella hypopithys*）（标尺：a～d = 1 cm。）

96. *Volvariella murinella* (Quél.) M.M. Moser ex Dennis （图 96）

汉语名称：灰小包脚菇。

形态特征：子实体（担子果）小型。菌盖直径 2～4 cm，菌盖表面灰褐色，有丝状裂开呈白色，生长初期菌盖半球形，成熟后逐渐平展。菌褶离生状态，白色，宽，密集。菌柄长 4～6 cm，白色，中生，实心，圆柱状，从菌褶一端到菌柄一端逐渐变粗。菌托袋状，膜质。

生态习性：夏季期间，呈散生状态生于针阔混交林地之中。

地理分布：全球分布：欧洲和亚洲。中国分布：四川和山东等地。标本采集于龙泉山城市森林公园的凤光寺管护站。

用途或危害性：食用和药用价值不明。

担子菌门 Basidiomycota

图 96　灰小包脚菇（*Volvariella murinella*）（标尺：c～e = 1 cm。）

97. *Volvariella volvacea* (Bull.) Singer （图 97）

汉语名称：草菇。

形态特征：子实体（担子果）中至大型。菌盖直径可达 10 cm，厚可达 5 mm，菌盖表面色泽多变，新鲜时呈现灰白色至深灰色的渐变，中部颜色较为深沉，边缘则逐渐淡化，并展现出放射状条纹，干燥后转为灰褐色，边缘锐且可能向内卷曲。菌肉厚可达 2 mm，干后浅黄色，质地类似软木栓质。菌褶排列紧密，长度不一，与菌柄呈离生状态，初期为奶油色，随后转变为粉红色，干燥后变为黄褐色。菌柄长 7～9 cm，直径 0.5～2 cm，形态上保持圆柱形，颜色洁白无瑕，表面光滑，具有纤维质感且内部实心，干燥后颜色转为浅黄色，质地变得脆而易断。菌托直径可达 5 cm，杯状，奶油色至灰黑色。担孢子大小为（7.5～8.5）μm×（5～6）μm，椭圆形至宽椭圆形，表面光滑，淡粉红色，且不含淀粉质。

生态习性：夏秋季期间，生于富含有机质的草地上。

地理分布：全球分布：亚洲、非洲、美洲和大洋洲。中国分布：西南、华中和华南等地区。标本采集于龙泉山城市森林公园的凤光寺管护站。

用途或危害性：食药兼用，已人工栽培。

担子菌门 Basidiomycota | 197

图 97　草菇（*Volvariella volvacea*）（标尺：a～c = 1 cm。）

小脆柄菇科 Psathyrellaceae

98. *Candolleomyces candolleanus* (Fr.) D. Wächt. & A. Melzer （图 98）

汉语名称：黄盖坎多伞。其他名称如白黄小脆柄菇和黄盖小脆柄菇等。

形态特征：子实体（担子果）中型。菌盖直径 2～7 cm，幼时为圆锥形，随后逐渐演变为钟形，老熟后平展；菌盖初期边缘装饰有花边状的黄白色、淡黄色至浅褐色菌幕残片，表面还布有透明状条纹，成熟后边缘会出现开裂现象，呈现出水浸状特征。菌肉薄，污白色至灰棕色。菌褶排列紧密，直生，颜色由淡褐色渐变至深紫褐色，边缘呈齿状。菌柄长 4～7 cm，直径 3～5 mm，圆柱形，基部略有膨大，菌柄在幼时实心，但随着成熟逐渐变为空心，质地具有丝光感，表面覆盖着白色纤毛。担孢子大小为（6.5～8.2）μm ×（3.5～5.1）μm，椭圆形至长椭圆形，表面光滑，颜色呈现淡棕褐色。

生态习性：夏秋季期间，呈簇生状态生于林中地上、田野、路旁等，罕生于腐朽的木桩上。

地理分布：全球分布：亚洲等地区。中国分布：西北、西南、东北、华北和华中等地区。标本采集于龙泉山城市森林公园的凤光寺管护站、林家坪管护站和石经寺管护站。

用途或危害性：具有一定毒性，含色胺衍生物和吲哚类衍生物，误食可导致神经精神型中毒。

担子菌门 Basidiomycota

图 98 黄盖坎多伞（*Candolleomyces candolleanus*）（标尺：b～f = 1 cm。）

99. *Candolleomyces subsingeri* (T. Bau & J.Q. Yan) D. Wächt. & A. Melzer（图 99）

汉语名称： 近辛格坎多伞。其他名称如近辛格小脆柄菇等。

形态特征： 子实体（担子果）小型。菌盖直径 1.5～4 cm，其形态从幼时的半球形逐渐转变为圆锥形，顶端显得圆润而不尖锐；新鲜时，菌盖表面呈现水浸状，颜色为深红褐色，边缘色泽稍浅，缺乏明显的半透明条纹或这些条纹极不明显，干后呈淡污黄褐色。幼时表面具稀疏白色丛毛鳞片，易消失。菌肉白色，薄，易碎，近菌柄处厚约 2.5 mm。菌褶宽 2.0～3.5 mm，密，直生，长度不一，淡褐色，边缘呈齿状并带有白色。菌柄脆，长 3.5～5.0 cm，粗 3.0～4.5 mm，白色，中空，上下等粗，表面具明显纤维状鳞片。孢子印深褐色。味道不明显。担子大小为（15～22）μm ×（7.3～9.8）μm，棒状，头部膨大，无色，具 4 或 2 个小梗。担孢子大小为（5.8～8.8）μm ×（3.9～5.0）μm，从正面观察时呈现椭圆形至长椭圆形的轮廓，侧面看则略显扁平，在水和 5% KOH 中极淡，几乎无色或稍带淡黄色，非淀粉质，光滑，无芽孔。侧生囊状体缺失，缘生囊状体丰富。缘生囊状体大小为（16～34）μm ×（9.8～15）μm，囊状至短棒状或呈梨形，偶见纺锤形，顶端钝圆，无色且薄壁。子实下层在 5% KOH 呈黄褐色。柄生囊状体大小为（26～37）μm ×（9.8～15）μm，柄生囊状体则较为稀少，大小不一，形状不规则，包括棒状和囊状，同样为无色且薄壁。菌髓菌丝不规则。菌盖表皮由 1～2 层球形膨大细胞组成，直径 20～32 μm。菌丝间存在锁状联合现象。

生态习性： 呈单生至散生状态生于混交林中的地上，或枯枝落叶层上。

地理分布： 全球分布：中国。中国分布：河南、四川、吉林、黑龙江和云南等地。标本采集于龙泉山城市森林公园的钟家山管护站。

用途或危害性： 食用和药用价值不明。

担子菌门 Basidiomycota | 201

图 99 近辛格坎多伞(*Candolleomyces subsingeri*)(标尺:a~d=1 cm。)

100. *Coprinellus disseminatus* (Pers.) J.E. Lange （图100）

汉语名称：白小鬼伞。其他名称如小假鬼伞等。

形态特征：子实体（担子果）小型。菌盖直径 0.5～1.0 cm，初期，菌盖形状从卵形逐渐过渡为钟形，随后平展开来，颜色则从淡褐色渐变为黄褐色。被白色至褐色颗粒状至絮状鳞片，边缘具长条纹。菌肉近白色，薄。菌褶在初期呈现纯白色，随着成熟度的增加，逐渐转变为褐色乃至接近黑色，且这些菌褶在成熟时不会立即自溶，或仅发生缓慢的自溶现象。菌柄长 2～4 cm，直径 1～2 mm，白色至灰白色。无菌环结构。担孢子大小为（6.5～9.5）μm ×（4～6）μm，形态上呈现椭圆形至卵形，光滑，淡灰褐色，顶端具芽孔。

生态习性：夏秋季期间，呈群生或丛生状态生于路边、林中的腐木或草地上。

地理分布：全球分布：亚洲等地区。中国广布。标本采集于龙泉山城市森林公园的大河坝管护站、龙泉湖管护站和长松寺管护站。

用途或危害性：文献记载幼时可食，但老时有毒。

担子菌门 Basidiomycota

图 100　白小鬼伞（*Coprinellus disseminatus*）（标尺：c，d = 1 cm。）

101. *Coprinellus micaceus* (Bull.) Vilgalys, Hopple & Jacq. Johnson （图 101）

汉语名称： 晶粒小鬼伞。其他名称如晶粒鬼伞等。

形态特征： 子实体（担子果）小型。菌盖直径 2 ～ 4 cm，初期呈卵形至钟形，随后逐渐平展，并在成熟时边缘向上翻卷；颜色从淡黄色起始，渐变为黄褐色、红褐色，最终呈现赭褐色，而边缘部分则逐渐淡化至灰色，呈现出水浸状的外观；幼时，菌盖表面覆盖着白色的颗粒状晶体，这些晶体随后会逐渐消失，同时边缘伴有长条纹的装饰。菌肉近白色至淡赭褐色，薄，易碎。菌褶在初期为米黄色，随着成熟度的增加，颜色会转变为黑色，并且在成熟过程中会缓慢自溶。菌柄长 3 ～ 8.5 cm，直径 2 ～ 5 mm，圆柱形，近等粗，菌柄的基部会呈现出棒状或球茎状的膨大形态，白色，具白色粉霜，后较光滑且渐变淡黄色，脆，内部空心。菌环无。担孢子大小为（7 ～ 10）μm ×（5 ～ 6）μm，椭圆形，光滑，灰褐色至暗棕褐色，顶端具平截芽孔。

生态习性： 春至秋季期间，呈丛生或群生状态生于阔叶林中的树根部周围或枯木上。

地理分布： 世界广布。中国分布：湖北、山西和四川等地。标本采集于龙泉山城市森林公园的四方山管护站、凤光寺管护站和红花管护站。

用途或危害性： 文献记载幼时可食，老后有毒。还有抑制肿瘤等作用。但不建议采食。

担子菌门 Basidiomycota | 205

图 101　晶粒小鬼伞（*Coprinellus micaceus*）（标尺：c, e = 1 cm。）

102. *Coprinellus xanthothrix* (Romagn.) Vilgalys, Hopple & Jacq. Johnson （图 102）

汉语名称： 庭院小鬼伞。

形态特征： 子实体（担子果）小型。菌盖直径 1～2 cm，初期卵形至钟形，随后逐渐平展，成熟后盖缘向上翻卷；菌盖的颜色主要以淡黄色和黄褐色为主，表面还覆盖着一层细腻的白色粉状附属物。菌肉部分，其色泽从近白色渐变至淡赭褐色，质地轻薄且脆弱，易于破碎。而菌褶则排列得相当密集，初始颜色为米黄色，随着成熟度的增加，会逐渐转变为黑色，并在完全成熟时发生自溶现象。菌柄长 3～5 cm，圆柱状，中空，中生，偶有菌柄凹陷呈不规则的形状。

生态习性： 夏季期间，呈散生状态生于柏树林地之中。

地理分布： 全球分布：欧洲和亚洲。中国分布：四川、贵州、山西和湖北等地。标本采集于龙泉山城市森林公园的四方山管护站。

用途或危害性： 食用和药用价值不明。

担子菌门 Basidiomycota

图 102　庭院小鬼伞（*Coprinellus xanthothrix*）（标尺：a, b = 1 cm。）

103. *Lacrymaria lacrymabunda* (Bull.) Pat. （图103）

汉语名称：泪褶毡毛脆柄菇。其他名称如毡毛小脆柄菇和泪珠垂齿菌等。

形态特征：子实体（担子果）中型。菌盖直径 3～6 cm，初期呈钟形，随后逐渐转变为斗笠状，并最终平展开来；菌盖颜色以暗黄色和土褐色为主，中部则呈现出浅朽叶色至黄褐色的渐变；表面原本密被平伏的毛状鳞片，随着时间推移逐渐变得光滑，并显现出辐射状的皱纹；菌盖顶部覆盖着密集的短毛，而近边缘处则生长着灰褐色的长毛，初期时菌盖上常挂有白色菌幕的残片。菌肉近白色，薄，质脆，钟形至平展；覆盖有茶褐色至带黄褐色的纤维状鳞片，呈毛毡状，边缘有菌环残留物。菌褶部分颜色多变，从污黄色、浅灰褐色至灰黑色不等，边缘颜色相对较浅。菌褶排列紧密，狭窄且长度不一，从直生至离生不等；初期呈灰褐色，成熟后变深紫褐色，形成黑色斑点；边缘呈白色粉末状。菌柄长 3～9 cm，粗 0.3～0.7 cm，圆柱形，颜色与菌盖相近，表面同样覆盖着毛状鳞片，上部颜色较浅；菌柄质地脆，内部中空，基部有时会出现轻微的膨大现象。无菌环时，仅在菌柄上部留有黑褐色的痕迹。被与菌盖同色的纤维所覆盖，顶部呈白色粉末状。有不完全的菌环时，呈绵屑状至纤维状。后期孢子掉落，变黑。担孢子大小为（9～12.3）μm ×（6～7.4）μm，浅黑褐色，具明显的小疣，形状接近卵圆形至椭圆形。褶缘囊体大小为（8～25）μm ×（4～11）μm，呈无色透明状，数量较为稀疏，形状接近梭形。

生态习性：春、夏、秋季时期，呈群生状态生于林中地上、田间或肥土处。

地理分布：全球分布广泛。中国分布：四川等地区。标本采集于龙泉山城市森林公园的钟家山管护站。

用途或危害性：具有一定毒性，误食导致胃肠炎型中毒。

担子菌门 Basidiomycota

图 103　泪褶毡毛脆柄菇（*Lacrymaria lacrymabunda*）（标尺：a～d = 1 cm。）

104. *Parasola plicatilis* (Curtis) Redhead, Vilgalys & Hopple （图 104）

汉语名称：褶纹近地伞。其他名称如薄肉近地伞等。

形态特征：子实体（担子果）小型。菌盖在初期呈现卵形，随后逐渐转变为钟形，并最终平展开来，展开后直径 1.5～2.5 cm；菌盖质地膜质，颜色以浅棕灰色为主；表面布满褶纹，这些褶纹一直延伸至菌盖顶部，蓝顶浅粟色，表面光滑，最后下凹。菌肉白色，很薄。菌褶则相对稀疏且狭窄，它们紧密地着生于菌柄顶端的环上。菌柄长宽为（3～5）cm ×（0.1～0.2）cm，脆，圆柱形，内部中空，白色，具有丝状光泽。担孢子大小为（8～10）μm ×（6～8）μm，广卵形，稍扁，黑色。

生态习性：呈单生至丛生状态生于秸秆堆积的堆上。

地理分布：全球分布：欧洲和亚洲等地区。中国分布广泛。标本采集于龙泉山城市森林公园的红花管护站。

用途或危害性：具有抑制肿瘤的作用。

担子菌门 Basidiomycota | 211

图 104 褶纹近地伞（*Parasola plicatilis*）（标尺：a～d = 1 cm。）

105. *Psathyrella corrugis* (Pers.) Konrad & Maubl. （图105）

汉语名称： 细小脆柄菇。其他名称如小脆柄菇等。

形态特征： 子实体（担子果）小型。菌盖1.0～3.0 cm，初期呈半球形，随后逐渐转变为钟形。在新鲜状态下，菌盖表面呈现出水浸状的光泽，颜色从污褐色渐变至肉桂色，边缘部分则略显白色。当水浸状特征消失后，菌盖边缘转变为污白色，而中部则保留有稍带褐色的痕迹，边缘还伴有轻微的褶皱。菌肉部分非常薄，颜色与菌盖相近，且质地易碎。菌褶的密度从中等到稍稀疏不等，随着孢子的成熟，其颜色由灰色逐渐转变为灰褐色。菌褶边缘呈齿状，靠近菌盖边缘处还稍带红色。菌柄长1～5 cm，粗1.0～2.0 mm，菌柄呈圆柱形，上下等粗或向下逐渐增粗，白色，脆，中空，在菌柄的顶端，还覆盖有少量的粉霜状鳞片。味道不明显。担子大小为（20～27）μm ×（8.5～15）μm，棒状，无色，2～4孢子结构。担孢子大小为（12～14）μm ×（5.8～6.8）μm，担孢子呈现出椭圆形至近长椭圆形的外观，在正面观察时尤为明显，而在侧面观察时，则发现其一侧稍扁，呈现出凸镜形的特征。在水中呈红棕色，在5% KOH中则会转变为深褐色。担孢子的顶端平截，并具有明显的芽孔结构，芽孔直径1.9～2.1 μm。侧生囊状体大小为（49～78）μm ×（12～20）μm，较稀少，纺锤形，具短或长颈部，顶端钝圆。缘生囊状体大小为（27～44）μm ×（9.8～20）μm，形状与侧生囊状体相似或偶见长颈瓶形结构，数量丰富且褶缘处还夹杂着少量的棒状至近梨形细胞。菌髓菌丝不规则。菌盖表皮膜皮型，由单层近梨形细胞组成，细胞直径22～49 μm。菌丝间具锁状联合现象。

生态习性： 夏秋季期间，呈散生状态生于阔叶林地之中。

地理分布： 全球分布：奥地利、法国、美国、瑞典、德国、瑞士、西班牙和中国等国家。中国分布：四川、陕西、青海和西藏等地。标本采集于龙泉山城市森林公园的天鹅岭管护站。

用途或危害性： 食用和药用价值不明。

担子菌门 Basidiomycota | 213

图 105 细小脆柄菇（*Psathyrella corrugis*）（标尺：a～d = 1 cm。）

106. *Psathyrella kauffmanii* A.H. Sm. （图 106）

汉语名称：丛毛小脆柄菇。

形态特征：子实体（担子果）中型。菌盖直径 2～6 cm，初期呈现钟形，随后逐渐平展；菌盖幼时表面覆盖着细腻的白色纤毛，随着生长这些纤毛逐渐消失，表面变得光滑，在湿润条件下，菌盖表面还会出现半透明的条纹，边缘部分则呈现出水浸状，颜色从棕色渐变至暗灰棕色。菌肉部分相对较薄，颜色从污白色过渡到灰褐色，展现出其独特的色泽变化。菌褶则排列紧密，直接生长在菌柄上，颜色从灰白色渐变至淡褐色，边缘还伴有白色的纤毛状物质。菌柄长 6～7 cm，直径 3～5 mm，圆柱形，菌柄内部空心，丝光质，上下近等粗或上部略细。担孢子大小为（7～8）μm ×（4～4.5）μm，形状呈长椭圆形，光滑，暗褐色。

生态习性：夏季期间，呈散生、群生状态生于阔叶林中的地上。

地理分布：全球分布：中国和美国等国家。中国分布：西南、华南、华中和东北等地区。标本采集于龙泉山城市森林公园的凤光寺管护站、林家坪管护站和石经寺管护站。

用途或危害性：食用和药用价值不明。

担子菌门 Basidiomycota

图 106　丛毛小脆柄菇（*Psathyrella kauffmanii*）（标尺：a～e = 1 cm。）

107. *Psathyrella pygmaea* (Bull.) Singer （图 107）

汉语名称：微小脆柄菇。

形态特征：子实体（担子果）小型。菌盖直径 0.4～2 cm，初期形态扁半球形，随后逐渐平展开来，中部钝圆，边缘则环绕着半透明的条纹，水浸状，菌盖中部呈现粉棕色，而边缘则渐渐过渡到淡褐色，色彩层次分明。菌肉部分极为轻薄，颜色呈现出灰棕色，与菌盖色彩相呼应。菌褶排列紧密，颜色从微白色渐变至红棕色，直接生长于菌柄之上，且长度不一。菌柄长 2～3 cm，直径 1～2 mm，圆柱形，脆，中生，内部空心，初期污白色，渐变为淡棕色，整个菌柄具白色粉霜状物。担孢子大小为（4.7～6.9）μm ×（3.5～4.9）μm，椭圆形至长椭圆形，光滑，橘棕色。

生态习性：秋季期间，呈群生状态生于针阔混交林中的腐木上。

地理分布：全球分布：德国和中国等国家。中国分布：东北和西南等地区。标本采集于龙泉山城市森林公园的石经寺管护站。

用途或危害性：食用和药用价值不明。

图 107　微小脆柄菇（*Psathyrella pygmaea*）（标尺：a, b = 1 cm。）

108. *Psathyrella spadiceogrisea* (Schaeff.) Maire （图 108）

汉语名称：灰褐小脆柄菇。

形态特征：子实体（担子果）小至中型。菌盖直径 2～5 cm，初期形态多样，从半球形到凸镜形不一而足，随后逐渐平展开来，边缘镶嵌着半透明的条纹，颜色由红棕色渐变为灰棕色，水浸状。菌肉薄，污白色至淡棕色，味清淡。菌褶排列紧密，直生，初期呈现灰白色，渐变为淡棕色。菌柄长 4～7 cm，直径 3～5 mm，圆柱形，上部污白色，向下渐变为浅棕色。担孢子大小为（7.4～9.5）μm ×（4.2～5.5）μm，椭圆形至长椭圆形，光滑，橘棕色。

生态习性：夏季期间，呈散生状态生于阔叶林中的地上。

地理分布：中国分布：华南、华中、西南和东北等地区。标本采集于龙泉山城市森林公园的长松寺管护站。

用途或危害性：食用和药用价值不明。

图 108 灰褐小脆柄菇（*Psathyrella spadiceogrisea*）（标尺：a～c = 1 cm。）

裂褶菌科 Schizophyllaceae

109. *Schizophyllum commune* Fr. （图 109）

汉语名称：裂褶菌。其他名称如鸡冠菌、八担柴、白花和树花等。

形态特征：子实体（担子果）小型，往往呈覆瓦状。菌盖宽 0.6～4.2 cm，质地坚韧，形态上倾向于扇形展开；颜色多变，从纯白色或灰白色，到浅黄棕色不等；表面覆盖着细腻的绒毛或粗毛，扇形或肾形，边缘向内卷曲并带有众多分裂的瓣片。菌褶细小而密集，自基部向四周呈放射状延伸，色泽从纯白或灰白，偶见淡紫色调，且边缘因纵向开裂而呈现反卷形态。菌肉厚约 1 mm，白色，同样具备坚韧的质地，无味。菌褶的颜色范围从白色跨越至棕黄色，长度不一，褶缘中部会形成显著的纵向深沟状裂纹。菌柄常无。担孢子大小为（5～7）μm×（2～3.5）μm，椭圆形或腊肠形，光滑，无色，且不含淀粉质成分。

生态习性：呈散生、群生或叠生状态生于腐木或腐竹上。

地理分布：全球分布广泛。中国分布：各地均有分布。标本采集于龙泉山城市森林公园的四方山管护站、石经寺管护站和红花管护站。

用途或危害性：幼嫩时可食，子实体全株可药用。可栽培。据报道，裂褶菌多糖是重要的抗肿瘤药物成分。

担子菌门 Basidiomycota

图 109 裂褶菌（*Schizophyllum commune*）（标尺：a～e = 1 cm。）

口蘑科 Tricholomataceae

110. *Tricholoma argyraceum* (Bull.) Gillet （图 110）

汉语名称： 银盖口蘑。其他名称如银灰口蘑等。

形态特征： 子实体（担子果）小至中型。菌盖直径 1～2.9 cm，菌盖灰色，具有斑纹，有裂纹，内卷。菌褶颜色为浅灰色，形状为波浪状。菌柄长宽为（1.5～2.4）cm ×（0.2～0.4）cm，浅灰色。担孢子大小为（4.3～5.5）μm ×（2.4～3.4）μm，光滑，无色，近球形。

生态习性： 常与树木形成外生菌根菌。

地理分布： 世界广布。中国分布：湖北、内蒙古和四川等地。标本采集于龙泉山城市森林公园的红花管护站。

用途或危害性： 可以食用，也有人认为有毒。具有一定的抑制肿瘤效果。

担子菌门 Basidiomycota | 221

图110 银盖口蘑（*Tricholoma argyraceum*）（标尺：a～d = 1 cm。）

伞菌目地位未定
Agaricales *families incertae sedis*

111. *Clitocybe bresadolana* Singer （图 111）

汉语名称：赭黄杯伞。

形态特征：子实体（担子果）小至中型。菌盖直径 2～5 cm，扁球形或扁平，中央部分略微下陷呈漏斗状，土黄色至赭黄褐色，边缘部分呈现出逐渐内卷的趋势，并伴有波浪状起伏，条纹特征不明显，湿时有环带。菌肉颜色接近白色至柔和的乳白色，并散发出清新的水果香气。菌褶则呈现出乳白与淡黄，排列紧密且连续延伸。菌柄长 3～5 cm，粗 0.4～1.0 cm，柱形，与菌盖同色，平滑，菌柄的基部略有膨胀且有白色绒毛，实心至松软。担孢子大小为（5～6.9）μm ×（3～4.5）μm，无色，椭圆形。

生态习性：秋季期间，呈单生或群生状态生于草原或林间草地上。

地理分布：全球分布：德国和中国等国家。中国分布：四川和青海等地。标本采集于龙泉山城市森林公园的元包村。

用途或危害性：具有一定毒性。

担子菌门 Basidiomycota | 223

图 111 赭黄杯伞（*Clitocybe bresadolana*）（标尺：a～d = 1 cm。）

112. *Clitocybe phyllophila* (Pers. Fr.) Kumm. （图 112）

汉语名称： 落叶杯伞。其他名称如白杯伞等。

形态特征： 子实体（担子果）小至中型。菌盖直径 4.5～11 cm，初期形态近似扁球，随后逐渐转变为漏斗状，白色，表面覆盖有白色绒毛，边缘则显得尤为光滑流畅。菌肉部分同样为白色，伤不变色。菌褶直生或延生，稍密，初白色后淡黄色，且长度不一，褶缘部分近乎平滑，无显著起伏。菌柄长 4～9 cm，直径 0.4～1.2 cm，圆柱形，中生，微弯曲，白色，表面具纤细绒毛，空心。担孢子大小为（4.5～7）μm×（2.8～4）μm，形态为椭圆形或者柠檬形，光滑，无色。

生态习性： 夏秋季期间，常见于林间的地上。

地理分布： 全球分布：德国、芬兰、丹麦、瑞典和中国等国家。中国分布：四川、云南、黑龙江、吉林和辽宁等地。标本采集于龙泉山城市森林公园的元包村。

用途或危害性： 具有一定毒性。

担子菌门 Basidiomycota

图 112 落叶杯伞（*Clitocybe phyllophila*）（标尺：a～f = 1 cm。）

113. *Crucibulum laeve* (Huds.) Kambly （图113）

汉语名称： 乳白蛋巢菌。其他名称如白蛋巢菌等。

形态特征： 子实体（担子果）小型。子实体高 0.3～0.7 cm，直径 0.4～1.0 cm，鸟巢状、浅杯形至桶形，无柄，成熟之前，其顶部覆盖着一层由褐黄色渐变至淡黄色的盖膜，膜下隐藏着数个扁球形的小包。包被外表面起初为淡黄色至褐黄色，随后逐渐转为明亮的黄色，被绒毛，后渐光滑，褐色，最后渐呈灰色；内侧光滑，灰色至污白色。盖膜上有深肉桂色绒毛。小包直径 1.5～2 mm，扁球形，有皱纹，由一纤细的根状菌索固定于包被内壁上，其表面有一层白色的外膜，外膜脱落后变成黑色。担孢子大小为（7.6～12）μm ×（4.5～6）μm，椭圆形至接近卵形的轮廓，厚壁，光滑，无色。

生态习性： 夏秋季期间，呈群生状态生于阔叶林或针阔混交林中的腐枝、腐木上。

地理分布： 世界广布。中国分布广泛。标本采集于龙泉山城市森林公园的四方山管护站、高石岩管护站和林家坪管护站。

用途或危害性： 食用和药用价值不明。

担子菌门 Basidiomycota | 227

图 113　乳白蛋巢菌（*Crucibulum laeve*）（标尺：a～d = 1 cm。）

114. *Cyathus striatus* Willd. （图 114）

汉语名称：隆纹黑蛋巢菌。

形态特征：子实体（单子果）小型。高 1.0～1.5 cm，直径 0.5～1.0 cm，形态倒锥形至杯形，其基部渐细形成短柄，在成熟前，顶部覆盖着一层淡灰色的膜状结构。子实体的包被外层呈现暗褐色至灰褐色，表面密布硬毛，随着毛的脱落，清晰的纵向褶皱逐渐显现；内侧灰白色至银灰色，有明显纵条纹。小包直径 1.5～2.5 mm，形态扁球形，颜色褐色、淡褐色至黑色，由根状菌索固定于杯中。担孢子大小为（15～25）μm×（8～12）μm，椭圆形至矩椭圆形，厚壁。

生态习性：夏秋季期间，呈群生状态生于落叶林中的朽木或腐殖质多的地上。

地理分布：全球分布：英国、德国、中国、菲律宾、美国和希腊等国家。中国分布广泛。标本采集于龙泉山城市森林公园的四方山管护站。

用途或危害性：食用和药用价值不明。

担子菌门 Basidiomycota

图 114 隆纹黑蛋巢菌（*Cyathus striatus*）（标尺：a～c = 1 cm；d = 0.5 cm。）

115. *Gerronema nemorale* Har. Takah. （图 115）

汉语名称：木生老伞。

形态特征：子实体（担子果）小至中型。菌盖直径 0.6～1.7 cm，幼时凹陷，边缘平坦，后扁平，脐状中心和内折边缘，后边缘隆起，潮湿时有轻微半透明的条纹，幼时担子果中有轻微的条纹和细齿，被细绒毛。除了中心外，幼时担子果灰黄色至橄榄棕色，然后逐渐变成灰黄色至金色，橄榄棕色或红金色。菌褶延生到菌柄，幼时宽，绿黄色，后变为灰绿色，边缘同色。菌柄长宽为（1.7～3.8）cm ×（0.08～0.2）cm，圆柱状，中空，基部近球茎状膨大，直生，幼时灰绿色到浅黄色，基部菌丝白色。菌柄皮层与表面颜色相同，无特殊气味。担子棒状，4 孢子结构。担孢子大小为（8.0～11）μm ×（4.5～6.0）μm，宽椭球体，薄壁，光滑，透明。盖表囊状体大小为（25～65）μm ×（6.0～16）μm，形状可变，棒状、近圆柱状、烧瓶状、纺锤形或近纺锤形，有时具喙，不规则或有突起，薄壁。侧生囊状体缺失。菌髓菌丝圆筒状，薄壁厚壁均存在，分叉。

生态习性：夏秋季期间，呈单生或群生状态腐生于枯木上。

地理分布：全球分布：中国、日本和韩国等国家。中国分布：四川、重庆和浙江等地。标本采集于龙泉山城市森林公园的四方山管护站和大河坝管护站。

用途或危害性：食用和药用价值不明。

担子菌门 Basidiomycota | 231

图 115 木生老伞（*Gerronema nemorale*）（标尺：a～h = 1 cm。）

116. *Leucocybe candicans* (Pers.) Vizzini, P. Alvarado, G. Moreno & Consiglio （图 116）

汉语名称： 小白白伞。其他名称如小白杯伞等。

形态特征： 子实体（担子果）小至中型。菌盖直径 2～5 cm，形态扁半球形至扁平，中央区域呈下凹状，白色，表面光滑且有细毛，边缘部分稍向内弯。菌肉白色，薄。菌褶白色，延生，薄，窄。菌柄长 3～5.5 cm，粗 0.3～0.5 cm，弯曲，白色，光滑，菌柄内部为空心结构，基部有白色绒毛。担孢子大小为（4～5）μm×（3～4）μm，光滑，近球形。

生态习性： 夏秋期间，呈群生或丛生状态生于林中地上。

地理分布： 全球分布：亚洲等地区。中国分布：四川和吉林等地。标本采集于龙泉山城市森林公园的元包村。

用途或危害性： 食用和药用价值不明。

担子菌门 Basidiomycota | 233

图 116　小白白伞（*Leucocybe candicans*）（标尺：a～d = 1 cm。）

牛肝菌目
Boletales

牛肝菌科 Boletacaae

117. *Boletus* sp. （图 117）

汉语名称：牛肝菌（待定种）。

形态特征：子实体（担子果）小型。菌盖直径 2～5 cm，初期半球形，成熟后逐渐展开并呈现伞状，红棕色至棕色，有绒毛状质感。菌柄中生，粗，幼时菌柄直径与菌盖直径接近，圆筒状，菌柄中间膨大，砖红色，基部偏黄白色，受伤时伤变色为蓝色。菌管黄色。

生态习性：夏季期间，呈散生状态于针阔混交林的地上。

地理分布：全球分布：中国。中国分布：四川。标本采集于龙泉山城市森林公园的凤光寺管护站。

用途或危害性：食用和药用价值不明。

担子菌门 Basidiomycota | 235

图 117 一种牛肝菌（*Boletus* sp.）（标尺：a～c = 1 cm。）

118. *Butyriboletus brunneus* (Peck) D. Arora & J.L. Frank （图118）

汉语名称：红褐黄肉牛肝菌。

形态特征：子实体（担子果）大型。菌盖直径 5～19 cm，呈凸状，干燥时光滑，纤维状，棕色至黄棕色，随着生长变成橙棕色；边缘通常稍微突出，尤其是幼时。菌孔表面幼时亮黄色，成熟时橄榄黄色，成熟时每毫米具有 2～3 个圆形孔隙，15 mm 深，有时切片时略带蓝色。瘀伤慢慢变成锈褐色。菌柄 5～12 cm 长，2～4 cm 厚，等宽，细网状，在上部或整体上有黄色到淡红色的网；在下半部出现红色斑点，通常在中点或中点以上出现红色区域。担子 4 孢子结构。担孢子大小为 (11～14) μm × (3～4) μm，纺锤形，光滑。侧生囊状体大小为 (26～35) μm × (4～7.5) μm，少有，纺锤形或烧瓶状，光滑，薄壁。

生态习性：夏季期间，单生或散生于青冈林地内。

地理分布：全球分布：北美洲和亚洲。中国分布：山西和四川。标本采集于龙泉山城市森林公园的石经寺管护站。

用途或危害性：食用和药用价值不明。

担子菌门 Basidiomycota | 237

图118 红褐黄肉牛肝菌（*Butyriboletus brunneus*）（标尺：a～c = 1 cm。）

119. *Caloboletus radicans* (Pers.) Vizzini （图 119）

汉语名称：假根美牛肝菌。

形态特征：子实体（担子果）大型。菌盖直径 20 cm，最初半球形，后凸至平凸，干燥，光滑，有时有裂纹，象牙色、灰色、赭灰色或赭色，无伤变色。菌柄圆柱形，棒状，通常生根，柠檬黄色至黄色，有时变色至黄白色，有或没有带红色或锈带。幼小的子实体柠檬黄色，后淡黄色，有时菌柄基部带粉红色，暴露在空气中时变蓝。菌管柠檬黄色，后浅黄色，受伤时变蓝。菌孔与菌管同色，受伤时变蓝。气味不明显，味道苦。担孢子大小为（10～15）μm ×（4～6）μm。

生态习性：夏季期间，单生于柏树林地内。

地理分布：全球分布：欧洲和亚洲。中国分布：江苏和四川等地。标本采集于龙泉山城市森林公园的四方山管护站。

用途或危害性：具有一定毒性。

担子菌门 Basidiomycota | 239

图119 假根美牛肝菌（*Caloboletus radicans*）（标尺：a～e = 1 cm。）

120. *Hortiboletus campestris* (A.H. Sm. & Thiers) Biketova & Wasser （图 120）

汉语名称： 原野牛肝菌。

形态特征： 子实体（担子果）中型。菌盖直径 3～6 cm，半球形，酒红色，表面有裂开并且带有褐色斑块。菌柄中生，实心，白色，无伤变色。菌褶管状，延生，亮黄色，伤变色为蓝色。

生态习性： 夏季期间，单生于青冈林内。

地理分布： 全球分布：中国、美国、土耳其和加拿大等国家。中国分布：西南等地区。标本采集于龙泉山城市森林公园的凤光寺管护站。

用途或危害性： 食用和药用价值不明。

图 120 原野牛肝菌（*Hortiboletus campestris*）（标尺：a～d = 1 cm。）

担子菌门 Basidiomycota | 241

121. *Hortiboletus rubellus* (Krombh.) Simonini, Vizzini & Gelardi （图 121）

汉语名称： 血红园圃牛肝菌。

形态特征： 子实体（担子果）中等大。菌盖直径 4～10 cm，形态扁半球形至稍平展；颜色丰富，血红色至褐色，伴有龟裂纹理；在初期，菌盖的边缘呈现出内卷现象。菌肉白至带黄色，靠近表皮下带红色，伤变蓝绿色。菌管在菌柄处直生或略微延生，初期黄色，老后颜色变暗，伤变蓝绿色；形态多样，管口角形或近圆形，直径 0.5～1 mm。菌柄近柱形，长 3～6 cm，粗 0.6～1.6 cm，颜色黄色，下部颜色为红褐色，基部区域稍膨大，黑褐色，菌柄顶部有网纹，内部实心。孢子印黄褐色。担孢子大小为（10.5～13）μm ×（4～4.5）μm，淡黄色，平滑，长椭圆形。管侧囊状体大小为（30～55）μm ×（7～9.5）μm，梭形。

生态习性： 夏季期间，呈单生状态生于柏树林地内。

地理分布： 全球分布：中国和印度等国家。中国分布：云南和四川等地。标本采集于龙泉山城市森林公园的凤光寺管护站。

用途或危害性： 食用和药用价值不明。

图 121 血红园圃牛肝菌（*Hortiboletus rubellus*）（标尺：a～d = 1 cm。）

122. *Tylopilus atroviolaceobrunneus* Y.C. Li & Zhu L. Yang （图 122）

汉语名称：黑褐粉孢牛肝菌。

形态特征：子实体（担子果）小至中型，幼时灰紫色。菌盖干燥时有绒毛状质感。菌柄幼时呈杏仁状，中部膨大，菌柄显著大于菌盖。成熟子实体尚未采集和观察到。

生态习性：夏季期间，呈单生或散生状态生于柏树林地内。

地理分布：全球分布：中国。中国分布：云南和四川等地。标本采集于龙泉山城市森林公园的凤光寺管护站。

用途或危害性：食用和药用价值不明。

图 122　黑褐粉孢牛肝菌（*Tylopilus atroviolaceobrunneus*）（标尺：a～d = 1 cm。）

123. *Tylopilus felleus* (Bull.) P. Karst. （图123）

汉语名称：苦粉孢牛肝菌。

形态特征：子实体（担子果）中型。菌盖直径 3～8 cm，扁半球形，后平展，颜色丰富，包括豆沙色、浅褐色、朽叶色或灰紫褐色，幼时表面覆盖绒毛，老后近光滑。菌肉白色，伤变不明显，味很苦。菌管层近凹生，管口之间不易分离。菌柄较粗壮，基部略微膨大，上部颜色浅，下部颜色为深褐色，有明显或不明显的网纹，内部实心，长 3～10 cm，粗 1.5～2 cm。孢子印肉粉色。担孢子大小为（8.7～15）μm ×（3.8～5）μm，近无色或带肉色，形态上多为长椭圆形或接近纺锤形，平滑。管缘囊状体大小为（25～75）μm ×（3.5～5）μm，淡黄色，形态上近梭形或披针形。

生态习性：夏秋季期间，呈单生状态生于混交林的林地之中。

地理分布：全球分布：法国、中国和美国等国家。中国分布：吉林、辽宁、四川、云南、广东、河北、山西、江苏、湖南、安徽、福建、海南和台湾等地。标本采集于龙泉山城市森林公园的天鹅岭管护站。

用途或危害性：具有一定毒性。据文献记载，苦粉孢牛肝菌多糖具有抗肿瘤和抗细菌毒素的活性。

图 123　苦粉孢牛肝菌（*Tylopilus felleus*）（标尺：a～d = 1 cm。）

124. *Tylopilus rubrobrunneus* Mazzer & A.H. Sm. （图 124）

汉语名称：红棕色苦涩牛肝菌。

形态特征：子实体（担子果）中至大型。菌盖直径 5.5～7 cm，幼时近半球形，然后凸至扁平，边缘弯曲；表面干燥的黄橙色至浅橙色，菌盖中心约 1 cm 厚，橙黄色，瘀伤时迅速而强烈地变成蓝色。菌柄长宽为（6～8）cm×（1.7～2）cm，中生，近圆柱形，实心，表面干燥，黄橙色。菌环缺失。担子大小为（24～32）μm×（7.5～10）μm，棍棒状，薄壁，4 孢子结构，小梗长 3～5 μm。担孢子大小为（9.5～11.5）μm×（4～5.5）μm，近纺锤体到椭球体，稍厚壁，达 0.5 μm，光滑。盖表囊状体大小为（20～30）μm×（5.5～8）μm，近纺锤形或纺锤形，薄壁，无色。侧生囊状体大小为（22～35）μm×（4～9）μm，纺锤形或近纺锤形，薄壁，无色，棕黄色至黄褐色。

生态习性：夏季期间，呈单生状态生于阔叶林地内。

地理分布：全球分布：中国和美国等国家。中国分布：西南等地区。标本采集于龙泉山城市森林公园的天鹅岭管护站。

用途或危害性：食用和药用价值不明。

图 124　红棕色苦涩牛肝菌（*Tylopilus rubrobrunneus*）（标尺：a～e = 1 cm。）

125. *Xerocomus parvus* J.Z.Ying （图 125）

汉语名称：小绒盖牛肝菌。

形态特征：子实体（担子果）中型。菌盖直径 2～6 cm，半球形。菌盖表面酒红色，有裂开，并且带有褐色斑点。菌褶管状，延生，柠檬黄色。菌柄中生，纤维状，实心，上半部分为柠檬黄色，下半部分为酒红色。

生态习性：夏秋季期间，呈单生状态生于林地内。

地理分布：全球分布：中国。中国分布：云南和四川等地。标本采集于龙泉山城市森林公园的凤光寺管护站。

用途或危害性：食用和药用价值不明。

担子菌门 Basidiomycota | 247

图 125　小绒盖牛肝菌（*Xerocomus parvus*）（标尺：a～c = 1 cm。）

须腹菌科 Rhizopogonaceae

126. *Rhizopogon jiyaozi* Lin Li & Shu H. Li （图126）

汉语名称：鸡肾须腹菌。其他名称如鸡腰子和鸡肾菌等。

形态特征：子实体（担子果）中型，大小为（2～4）cm ×（2～3）cm，形态上呈现椭圆形、卵形或近球形，稍软，橡胶质，基部有白色或淡黄色菌索；表面（包被外表）幼时污白色，成熟后污黄色或黄褐色，受伤后粉色或淡红色。菌肉幼时白色，成熟后变为橄榄褐色。担孢子大小为（6.5～9.5）μm ×（2.5～3.5）μm，圆柱形、近梭形，光滑。

生态习性：呈群生状态生于松树林的林地上。

地理分布：全球分布：中国。中国分布：云南和四川等地区。标本采集于龙泉山城市森林公园的钟家山管护站。

用途或危害性：具有食用价值，味佳。

担子菌门 Basidiomycota | 249

图126 鸡肾须腹菌（*Rhizopogon jiyaozi*）（标尺：a～c = 1 cm。）

硬皮马勃科 Sclerodermataceae

127. *Pisolithus arhizus* (Scop.) Rauschert （图 127）

汉语名称： 豆马勃。其他名称如彩色豆马勃和豆包菌等。

形态特征： 子实体（担子果）中至大型，直径 3.5～16 cm，形态上，呈现不规则球形至扁球形或近似头状，下部明显缩小形成菌柄。其包被薄而易碎，光滑，表面初期为米黄色，后变为褐色至锈褐色，最后为青褐色；包被上部会自然剥落成片状，切开剖面有彩色豆状物。菌柄长达 5.5 cm，直径达 3 cm，由一团青黄色的根状菌索固定于附着物上。担孢子直径 7.5～9.5 μm，形态为球形，表面密布小刺，褐色。

生态习性： 夏秋季期间，呈单生或群状态生于松树等林中沙地或草地上。

地理分布： 全球分布：欧洲、亚洲、美洲、非洲和大洋洲。中国分布：华中、华南和西南等地区。标本采集于龙泉山城市森林公园的钟家山管护站。

用途或危害性： 具有药用价值。据文献记载，豆马勃具有很强的耐重金属铜的能力，可辅助植物修复重金属铜污染的土壤。

图 127 豆马勃（*Pisolithus arhizus*）（标尺：a～c = 1 cm。）

128. *Scleroderma areolatum* Ehrenb. （图 128）

汉语名称： 网隙硬皮马勃。其他名称如马勃状硬皮马勃和网硬皮马勃等。

形态特征： 子实体（担子果）小型，直径 2～3 cm，球形至近球形，基部无柄，但有米色或黄色菌索；表面污黄色至土黄色，被同色紧贴龟裂小鳞片；包被厚 1～2 mm，污白色，受伤后变为淡紫色至紫色，干后较脆。菌肉初期灰紫色，后期灰色至暗灰色或近黑色，成熟后粉末状。担孢子大小为（9～11）μm×（9～11）μm，球形至近球形，表面具刺。

生态习性： 夏秋季期间，呈散生或群生状态，常见于阔叶林地和路边。

地理分布： 全球广泛分布。中国广布物种。标本采集于龙泉山城市森林公园的凤光寺管护站、高石岩管护站、天鹅岭管护站、龙泉湖管护站、钟家山管护站和红花管护站。

用途或危害性： 具有毒性，误食导致胃肠症状。具有药用价值，能用于消炎止血等。

担子菌门 Basidiomycota | 253

图 128　网隙硬皮马勃（*Scleroderma areolatum*）（标尺：a～d = 1 cm。）

鸡油菌目
Cantharellales

齿菌科 Hydnaceae

129. *Cantharellus cibarius* Fr. （图 129）

汉语名称：鸡油菌。

形态特征：子实体（担子果）一般中等，喇叭状。菌盖直径 3～10 cm，颜色一般为杏黄色或蛋黄色；形态幼时扁平，成熟后边缘伸展成星波状或瓣状向内卷。菌肉部分稍厚，肉质，蛋黄色。菌褶延生至菌柄部，窄而分叉或有横脉相连。菌柄长 2～8 cm，粗 0.5～1.8 cm，杏黄色，向下逐渐渐细，光滑，内实。担孢子无色，光滑，形状椭圆形。

生态习性：夏秋季期间，呈散生、群生或稀近丛生状态常见于林中地上。一般在湿润且含氮量低的弱酸性土壤生长，菌丝分散在土壤中，易与树木形成外生菌根。

地理分布：全球分布：欧洲、北美洲、非洲、亚洲、南美洲和大洋洲。中国分布：东北、华北、华东、西南和华南等地区，主要集中在吉林、河北、内蒙古、广东、陕西、甘肃、福建、黑龙江、湖南、西藏、安徽、江苏、广西、贵州、辽宁、山东、浙江、云南、四川、河南和湖北等地。标本采集于龙泉山城市森林公园的四方山管护站。

用途或危害性：鸡油菌，作为全球六大著名食用菌之一，以其独特的浓郁香气与鲜美口感，深受藏东南地区民众的喜爱。此菌不仅包含人体必需的 8 种及非必需的 10 种氨基酸，更特别富含亚油酸与花生四烯酸等健康成分，对维持人体健康起着重要作用。鸡油菌具有强大的抗氧化能力，能有效清除体内自由基，在对抗衰老、减轻炎症反应、调节血糖与血脂水平、促进肝脏健康及增强抗病毒防御力等方面均有积极作用。此外，它还被誉为减肥美容的自然助手，对视力保护的作用尤为显著，长期适量摄入有助于预防和改善因维生素 A 缺乏导致的夜盲症、视力问题等，同时能辅助抵抗呼吸道与消化道感染，提升整体健康水平。

生态价值上，鸡油菌与经济树木间形成的共生外生菌根关系，可促进生态系统的平衡与恢复，为植树造林、土壤改良及环境质量监测等环保领域贡献重要力量。

在食品开发领域，鸡油菌的丰富营养与独特风味为功能性食品的创新提供了广阔空间。利用其精华成分，已成功研制出诸如鸡油菌口服液、酸奶、香辣酱及饮料等多种产品，不仅满足了消费者对美味与健康的双重追求，也进一步推动了食用菌产业的多元化发展。

担子菌门 Basidiomycota | 255

图 129　鸡油菌（*Cantharellus cibarius*）（标尺：a～h = 1 cm。）

地星目
Geastrales

地星科 Geastraceae

130. *Geastrum rufescens* Pers. （图 130）

汉语名称： 粉红地星。其他名称如粉背地星等。

形态特征： 子实体（担子果）小型，近似球形，棕色。菌蕾张开时直径可达 5～8 cm，成熟后，菌盖外皮层可开裂为 6～9 瓣，边缘卷翘，像一朵盛开的花，外表呈蛋壳色。菌肉肉质，新鲜时很厚，成熟裂开后呈块状脱落，风干后变成棕灰色的薄膜。内包被肉粉灰色，粗糙且带有绒状，无菌柄。担孢子褐色，球形；孢丝褐色，厚壁，呈管状。

生态习性： 夏秋季期间，呈散生或群生状态生于针叶林地内。

地理分布： 全球分布：英国、德国和中国等国家。中国分布：青海、西藏、河北、甘肃、新疆、江苏、湖南、四川和云南等地。标本采集于龙泉山城市森林公园的龙泉湖管护站。

用途或危害性： 食用和药用价值不明。

担子菌门 Basidiomycota 257

图130 粉红地星（*Geastrum rufescens*）（标尺：a～c = 1 cm。）

131. *Geastrum saccatum* Fr. （图131）

汉语名称：袋形地星。

形态特征：子实体（担子果）小型。菌蕾高1～3 cm，直径1～3 cm，形态多样有扁球形、近球形、卵圆形、梨形，顶部呈喙状，基部具根状菌索。外包被污白色至深褐色，具不规则皱纹、纵裂纹，并生有绒毛。成熟后开裂成5～8片瓣裂，肉质，较厚，基部呈现袋状。内包被扁球形，深陷于外包被中，顶部呈近圆锥形。产孢组织中有囊轴。担孢子直径3～4 μm，形状球形至近球形，颜色褐色，有疣突，稍粗糙。

生态习性：夏秋季期间，生于阔叶林和针阔混交林中的地上，林缘的空旷地上也有分布。

地理分布：全球分布：中国和巴西等国家。中国大部分地区有分布。标本采集于龙泉山城市森林公园的大河坝管护站和石经寺管护站。

用途或危害性：具有药用价值，如具有抗氧化、抗菌和细胞毒性等活性。

图 131 袋形地星（*Geastrum saccatum*）（标尺：a～c = 1 cm。）

132. *Geastrum triplex* Jungh. （图 132）

汉语名称： 尖顶地星。其他名称如尖嘴地星等。

形态特征： 子实体（担子果）小型。菌蕾直径 1～4 cm，形状近球形。成熟后，外部包被会自然裂开，形成 5～7 片向外翻卷的裂片，外表光滑，内层肉质，干后变薄，栗褐色，中部易分离并脱落，仅留基部。内包被高 1.2～3.8 cm，直径 1～3.9 cm，形态多样，有近球形、卵形、洋葱状扁球形，顶部常有长或短的喙，或呈脐突状，淡褐色、暗栗色至污褐色。无柄。担孢子直径 3～4.5 μm，近球形，具小疣。

生态习性： 夏秋季期间，呈单生至散生状态生于林中地上。

地理分布： 全球分布：法国、中国和希腊等国家。中国分布：内蒙古，以及西北、华中、华北和西南等地区。标本采集于龙泉山城市森林公园的龙泉湖管护站。

用途或危害性： 具有药用价值，具有清肺、利喉、解毒、止血、消毒等功效。

图132 尖顶地星（*Geastrum triplex*）（标尺：a～c = 1 cm。）

褐褶菌目
Gloeophyllales

褐褶菌科 Gloeophyllaceae

133. *Gloeophyllum trabeum* (Pers.) Murrill （图133）

汉语名称： 密褐褶孔菌。

形态特征： 子实体（担子果）一年生至多年生，无柄，呈覆瓦状叠生，软木栓质。菌盖扇形，外伸可达4 cm，宽可达8 cm，基部厚可达6 mm。菌盖表面灰褐色、棕褐色至烟灰色，被细密绒毛或硬刚毛，粗糙，略具辐射状纹，具不明显的同心环纹或环沟；菌盖边缘锐，呈浅黄色，干燥后自然向内卷曲。子实层体赭色至灰褐色，迷宫状至部分孔状，无折光反应。不育边缘明显，浅黄色，宽可达1 mm。菌肉部分为棕褐色，厚可达0.3 mm。菌褶颜色为灰褐色，质地为革质，宽可达5 mm。每毫米分布菌褶2～4个。担孢子大小为（7.6～9.1）μm ×（2.8～4）μm，圆柱形，无色，薄壁，光滑，既非淀粉质，也不具备嗜蓝反应。

生态习性： 夏秋季期间，易生于多种阔叶树的倒木和建筑木上，能够引起木材褐色腐朽。

地理分布： 全球分布：德国、意大利、西班牙、乌克兰、中国、日本、美国、加拿大和新西兰等国家。中国分布：东北、华北、华中和西南等地区。标本采集于龙泉山城市森林公园的天鹅岭管护站。

用途或危害性： 具有药用价值。据文献记载，此菌种具备特定的降解能力，能够选择性地分解杉木边材中的纤维素与半纤维素成分，而对于木质素则保持不降解的特性。

担子菌门 Basidiomycota 263

图133 密褐褶孔菌（*Gloeophyllum trabeum*）（标尺：a～d = 1 cm。）

锈革孔菌目
Hymenochaetales

锈革孔菌科 Hymenochaetaceae

134. *Phellinus padicola* L.W. Zhou & Y.C. Dai. （图 134）

汉语名称： 稠李木层孔菌。

形态特征： 子实体（担子果）多年生，无气味，新鲜时硬木栓质，干燥时木质坚硬且重量轻。菌盖表面灰色到深灰色，呈现同心状，狭窄具槽，无毛，明显具粉碎状，随着生长轻微开裂，边缘钝。孔隙表面灰褐色，边缘通常狭窄，肉桂色到黄褐色，孔隙圆形到弯曲，宽度可达 1 mm，每毫米 6～7 个孔隙。菌肉呈现黄褐色，质地为木质十分坚硬，厚度可达 1 mm。菌管烟褐色，木质坚硬，长可达 3.9 cm，管层通常具不明显白色菌丝。菌丝经常出现在老菌管中。菌肉中生殖菌丝稀少，透明至淡黄色，薄壁至稍厚壁，偶尔分枝，直径 2～3.5 mm；骨架菌丝占优势，黄褐色，具宽到窄的厚壁，不分枝弯曲，交织，直径 2～4.5 mm。子实层菌髓中，生殖菌丝稀少，透明，薄至稍厚壁，稍有分枝，直径 2～3 mm。骨架菌丝占优势，金棕色，具一狭窄的厚壁，不分枝，无隔，或多或少直，沿着管近平行，直径 2～3.5 mm。刚毛，子实层中多，有时膨大，深棕色，锥形，厚壁，大小为（16～26）μm×（5～8）μm。囊状体大小为（9～15）μm×（3～4）μm，偶存，褐质，透明，薄壁。担子大小为（8～11）mm×（5～6）mm，筒状，4 孢子结构；小担子与担子在形态上相似。担孢子形状为宽椭圆形至近球形，有时卵球形，透明质，壁稍厚，偶尔内含 1 小油滴状物，光滑。

生态习性： 呈单生或群生状态生于活立木桃树上，对于桃树生长具有一定影响。

地理分布： 全球分布：中国。中国分布：四川和青海等地。标本采集于龙泉山城市森林公园的红花管护站。

用途或危害性： 食用和药用价值不明。潜在致病菌，可以引起林木腐朽。

担子菌门 Basidiomycota 265

图 134　稠李木层孔菌（*Phellinus padicola*）
（a：子实体生境照；b～d：菌肉菌丝；e～h：担孢子。标尺：b～d = 200 μm；e～h = 10 μm。）

鬼笔目
Phallales

鬼笔科 Phallaceae

135. *Lysurus periphragmoides* (Klotzsch ex Hook.) Dring　　　　　　（图 135）

汉语名称：围篱状散尾鬼笔。其他名称如黄柄笼头菌等。

形态特征：菌蕾形态多样，卵形至球形，白色，成熟时其包被自然裂开，展现出内部的孢托结构。孢托近似球形，直径 1～5 cm，具 20～30 个由五边形至六边形构成的浅红至橙色的格孔，外表面具脊，边缘具褶皱，内表面平整至具微小的脊。菌柄长 5～12 cm，直径 1～3 cm，形态为圆柱形，黄色，质地为海绵质，内部空心，基部具白色菌托。孢体附着在孢托内表面，橄榄绿色，具恶臭气味。担孢子大小为（4.5～5）μm×（1.8～3）μm，形态为椭圆形至短杆形，光滑，近无色至带淡青绿色。

生态习性：常见于林中地上。

地理分布：全球分布：中国和毛里求斯等国家。中国分布：华北、华中和西南等地区。标本采集于龙泉山城市森林公园的大河坝管护站、林家坪管护站和红花管护站。

用途或危害性：食用和药用价值不明。

担子菌门 Basidiomycota

图 135 围篱状散尾鬼笔（*Lysurus periphragmoides*）（标尺：a～f = 1 cm。）

136. *Phallus rubicundus* (Bosc) Fr. （图136）

汉语名称：深红鬼笔。其他名称如红鬼笔等。

形态特征：菌蕾幼时椭圆形或蛋形，外包被白色至灰白色，基部连接着白色至灰白色的根状菌索。成熟后菌盖和菌柄逐渐伸出外包被，总高 10～20 cm，直径 2～3 cm。菌盖高 1.5～4 cm，直径 1～2 cm，形态为钟形至圆锥形，颜色为红色至橘红色，顶部成熟时有 1 穿孔，表面覆盖有橄榄色孢液，老后橄榄色黏性物质逐渐消失。孢体橄榄褐色。菌柄长 7～15 cm，直径 1～2.5 cm，形态圆柱形，上部红色、洋红色至粉红色，下部颜色逐渐变淡至白色或灰白色，海绵质，表面有蜂窝状脉纹。菌托直径 1.5～3 cm，近球形，污白色。担孢子大小为（3.5～4.5）μm ×（1.5～2）μm，椭圆形，近无色。

生态习性：夏季期间，生于林缘、路边、庭院的草地上，常雨后成群出现。

地理分布：全球分布：中国、美国和肯尼亚等国家。中国分布：华南、西南、华中和华北等地区。标本采集于龙泉山城市森林公园的龙泉湖管护站。

用途或危害性：具有药用价值。据记载，深红鬼笔中分离化合物（$(22E, 24R)$- 麦角甾 -7, 22- 二烯 -$3\beta, 5\alpha, 6\alpha, 9\alpha$- 四醇）对非小细胞肺癌 A549 细胞具有毒性作用。该菌具有一定毒性。

担子菌门 Basidiomycota

图 136 深红鬼笔（*Phallus rubicundus*）（标尺：a～d = 1 cm。）

多孔菌目
Polyporales

拟层孔菌科 Fomitopsidaceae

137. *Fomitopsis malicola* (Berk. & M.A. Curtis) Spirin （图137）

汉语名称：小拟层孔菌。其他名称如苹果生棕果孔菌和小棕孔菌等。

形态特征：子实体（担子果）一年生，无柄，平伏生状态，形态多变。菌盖表面淡黄色，边缘颜色偏白色，质地为革质，似蹄形生长。子实层体颜色多样，奶油色至淡黄色，孔口多角形，每毫米1～2个，菌管与子实层体同色。

生态习性：夏秋季期间，平伏状态腐生生于枯木上。

地理分布：全球分布：中国、俄罗斯、美国和加拿大等国家。中国分布：四川、湖北和陕西等地。标本采集于龙泉山城市森林公园的石经寺管护站。

用途或危害性：食用和药用价值不明。潜在的林木腐朽病菌，可以引起木材腐朽。

担子菌门 Basidiomycota | 271

图 137　小拟层孔菌（*Fomitopsis malicola*）（标尺：a～d = 1 cm。）

干皮菌科 Incrustoporiaceae

138. *Tyromyces chioneus* (Fr.) P. Karst. （图138）

汉语名称：薄皮干酪菌。

形态特征：子实体（担子果）中至大型。菌体肉质至革质。菌盖长可达5 cm，宽可达7 cm，基部厚可达16 mm，扇形；菌盖表面色彩丰富，新鲜时呈现淡灰褐色至粉褐色，有时带青苔的绿色，有绒毛，有不明显同心环纹；边缘锐，白色。孔口分布密集，孔口每毫米4～5个，表面奶油色至淡褐色；圆形，边缘薄，全缘。子实体几乎不存在不育边缘。菌肉厚可达15 mm，新鲜时乳白色。菌管长可达3 mm，乳黄色至淡黄褐色。菌柄无。担孢子大小为（3.6～4.4）μm ×（1.3～1.8）μm，形态为圆柱形至腊肠形，无色，薄壁，光滑，不含淀粉质，不嗜蓝。

生态习性：夏秋季期间，呈单生状态生于阔叶树的落枝上，会造成木材白色腐朽。

地理分布：全球分布：中国、美国和俄罗斯等国家。中国分布：福建、四川、黑龙江、云南、湖南、陕西和西藏等地。标本采集于龙泉山城市森林公园的林家坪管护站。

用途或危害性：食用和药用价值不明。潜在的林木腐朽病菌，可以引起木材腐朽。

担子菌门 Basidiomycota 273

图 138 薄皮干酪菌（*Tyromyces chioneus*）（标尺：a～c = 1 cm。）

耙齿菌科 Irpicaceae

139. *Irpex lacteus* (Fr.) Fr. （图 139）

汉语名称： 乳白耙菌。其他名称如白囊耙齿菌等。

形态特征： 子实体（担子果）一年生，形态多变，呈现平伏或平伏至反卷，覆瓦状叠生的生长状态，质地为革质。平伏时长可达 10 cm，宽可达 5 cm。菌盖形态呈半圆形，外伸可达 1 cm，宽可达 2 cm，厚可达 0.4 cm；菌盖表面乳白色至浅黄色，被细密绒毛，同心环带不明显；边缘与菌盖表面同色，干后向内卷。子实层体奶油色至淡黄色。孔口形状为多角形，每毫米 2～3 个；边缘薄，撕裂状。菌肉白色至奶油色，厚可达 1 mm。菌齿或菌管与子实层体同色，长可达 3 mm。担孢子大小为（4～5.5）μm ×（2～2.8）μm，圆柱形，稍弯曲，无色，薄壁，光滑，担孢子还具有非淀粉质和不嗜蓝的特性。

生态习性： 夏秋季期间，生于多种阔叶树的倒木和落枝上，会造成木材白色腐朽。

地理分布： 全球分布：欧洲、亚洲和美洲。中国分布广泛。标本采集于龙泉山城市森林公园的四方山管护站和凤光寺管护站。

用途或危害性： 具有药用价值。潜在的林木腐朽病菌，可以引起木材腐朽。据文献记载，乳白耙菌可产生漆酶，漆酶以其独特的催化功能著称，能够有效分解木质素及腐殖质等复杂有机物，这一特性使其在多个行业展现出广阔的应用潜力。在染料处理领域，漆酶能够促进染料降解及脱色过程，为环保处理提供新途径。同时，在生物漂白与制浆工艺中，漆酶的应用有助于提升生产效率与产品质量。此外，食品工业也积极探索漆酶的应用，利用其特性优化食品加工流程，展现出其在多领域交叉应用中的重要价值。

担子菌门 Basidiomycota | 275

图 139 乳白耙菌（*Irpex lacteus*）（标尺：a～c = 1 cm。）

皱皮孔菌科 Ischnodermataceae

140. *Ischnoderma resinosum* (Schrad.) P. Karst. （图140）

汉语名称： 树脂薄皮孔菌。其他名称如皱皮孔菌等。

形态特征： 子实体（担子果）大，厚 1～3 cm，形态上呈现半圆形或扁半球状，基部常展现出延伸趋势，其表面颜色从锈褐色渐变至黑褐色，无菌柄，侧生，单个或几个叠生，扁平。新鲜时质地为肉质，柔软多汁；干燥后变硬或呈木栓质，具有不明显的同心环带。新鲜时表面平滑而干后有放射状皱纹，表皮层薄，有细绒毛，后渐脱落，边缘厚而钝，干时向内卷，呈波状或有瓣裂，下侧无子实层。菌肉鲜时近白色，柔软，干后木栓质，呈蛋壳色至淡褐色，厚 0.5～2.5 cm。菌管与菌肉同色，长 0.2～0.6 cm，管壁薄，管口接近白色，但在干燥或受伤后会转变为灰褐色；圆形至多角形，每毫米 4～6 个。担孢子大小为（5～7）μm ×（1～2）μm，无色，光滑，稍弯曲，形态近圆柱形。

生态习性： 常生于云杉、红松、榆等枯立木的干部和倒木上。

地理分布： 全球分布：欧洲、亚洲和美洲。中国分布：四川、云南、黑龙江、吉林、河北、广西等地。标本采集于龙泉山城市森林公园的四方山管护站。

用途或危害性： 具有药用价值，如对小白鼠肉瘤180和艾氏癌有抑制效果。

担子菌门 Basidiomycota

图140 树脂薄皮孔菌（*Ischnoderma resinosum*）（标尺：a～d = 1 cm。）

显毛菌科 Phanerochaetaceae

141. *Bjerkandera adusta* (Willd.) P. Karst. （图 141）

汉语名称：烟管菌。其他名称如黑烟管菌等。

形态特征：子实体无柄或近无柄，覆瓦状叠生。在新鲜状态下，其质地介于革质与软木栓质之间，干燥后则完全转变为木栓质。菌盖外伸可达 3.6 cm，宽可达 5.5 cm，半圆形，基部厚可达 3～5 mm，乳白色至黄褐色或深褐色，有环纹，有时具有疣突，被细绒毛；边缘幼时稍厚，后期锐，颜色乳白色，渐变褐色，干后向内卷。孔口每毫米 6～8 个，表面新鲜时烟灰色，干燥后黑灰色，形状呈多角形。具有明显的不育边缘，其宽度可达 3.8 mm，白色。菌肉厚可达 2 mm，干后木栓质，不分层。菌管长可达 1 mm，与孔口表面颜色相近，木栓质。担孢子大小为（3.6～5）μm ×（2～2.8）μm，形状长椭圆形至近椭圆形，无色，薄壁，光滑，非淀粉质且不嗜蓝。

生态习性：夏秋季期间，腐生于阔叶树的活立木、死树、倒木和树桩上，会造成木材白色腐朽。

地理分布：全球分布：欧洲、亚洲、美洲和非洲。中国分布广泛。标本采集于龙泉山城市森林公园的林家坪管护站。

用途或危害性：具有药用价值。潜在的林木腐朽病菌，可以引起木材腐朽。据记载，烟管菌可产生漆酶，同时可作为生物防治菌，能够有效激发植物体内与抗病性相关的酶活性提升，并促进叶绿素含量的增加，为生物防治领域开辟了新的应用途径，预示着其在这一领域具有广泛且深远的发展前景。

担子菌门 Basidiomycota | 279

图 141　烟管菌（*Bjerkandera adusta*）（标尺：a～c = 1 cm。）

柄杯菌科 Podoscyphaceae

142. *Abortiporus biennis* (Bull.) Singer （图 142）

汉语名称： 粉残孔菌。其他名称如二年残孔菌等。

形态特征： 子实体（担子果）一年生，无柄，呈覆瓦状紧密叠生。菌盖形态为半圆形，外伸可达 8 cm，宽可达 9 cm，基部厚可达 10 mm。表面干燥后，颜色转变为灰黑褐色，被细绒毛。孔口在新鲜时呈现出浅黄色至酒红褐色，触摸后变为黑色，干燥后又变为浅灰褐色；形态呈多角形至迷宫状或褶状，每毫米 1～3 个；边缘薄，常呈现出撕裂状的形态。菌肉异质，靠近菌盖部分浅咖啡色，海绵质；靠近菌管部分浅木材色，木栓质，厚可达 5 mm。菌管浅木材色，长可达 5 mm。担孢子大小为 (4.6～5.5) μm × (3.2～4) μm，宽椭圆形，无色，壁稍厚，光滑，非淀粉质，不嗜蓝。厚垣孢子大小为 (7～8) μm × (6～7) μm，存在于菌肉中，形状近球形，无色，厚壁，光滑。

生态习性： 夏秋季期间，腐生于阔叶树倒木、树桩及建筑木上，会造成木材白色腐朽。

地理分布： 全球分布：欧洲、亚洲、美洲和大洋洲。中国分布：东北、华北、华中和西南等地区。标本采集于龙泉山城市森林公园的天鹅岭管护站。

用途或危害性： 具有药用价值。潜在的林木腐朽病菌，可以引起木材腐朽。据记载，粉残孔菌中的胞外多糖，在烟草加工中采用特定工艺处理后，烟叶的化学成分发生显著变化，具体表现为酮类、醛类及呋喃类物质的含量有所提升，而酚类与氮杂环类化合物的含量则明显减少。这一变化对于改善卷烟的吸食体验具有积极影响，能够有效降低烟气的刺激性，同时对卷烟的香气进行改良，最终提升整体烟气的品质与吸食感受。

担子菌门 Basidiomycota | 281

图142 粉残孔菌（*Abortiporus biennis*）（标尺：a～c = 1 cm。）

多孔菌科 Polyporaceae

143. *Cubamyces lactineus* (Berk.) Lücking （图143）

汉语名称：乳白古巴菌。其他名称如乳白栓菌和奶油栓孔菌等。

形态特征：子实体（担子果）较为厚大。菌盖形状多样，呈圆形或贝壳形，表面色彩丰富，颜色为奶油色至灰色、黄褐色，表面光滑或有瘤状物，无致密绒毛；菌盖直径为 4.0～6.5 cm，厚 0.4～0.8 cm。菌柄较短且粗壮，光滑有白色微绒毛，部分菌柄上还可能出现不规则的突起。

生态习性：腐生于林中倒伏木上。

地理分布：全球分布：中国和斯里兰卡等国家。中国分布广泛。标本采集于龙泉山城市森林公园的石经寺管护站。

用途或危害性：具有药用价值。据记载，乳白古巴菌多糖对羟基、超氧阴离子自由基具有清除作用。

图 143 乳白古巴菌（*Cubamyces lactineus*）（标尺：a～c = 1 cm。）

144. *Daedaleopsis confragosa* (Bolton) J. Schröt. （图 144）

汉语名称： 粗糙拟迷孔菌。其他名称如裂拟迷孔菌等。

形态特征： 子实体（担子果）中型。菌体覆瓦状叠生，质地木栓质。菌盖外伸可达 6 cm，宽可达 15 cm，中部厚可达 2.5 cm，半圆形至贝壳形；菌盖表面色彩丰富，浅黄色至褐色，初期被细绒毛，后期光滑，显现出褐灰色、紫灰色至褐色的同心环纹以及放射状纵条纹，有时具疣突，边缘锐。孔口每毫米 1 个，表面黄白色、奶油色至浅黄褐色，形态多样，近圆形、长方形、迷宫状或齿裂状，后多至分叉的菌褶状；边缘薄，锯齿状。不育边缘宽可达 0.5 mm，不育边缘区域狭窄，颜色奶油色。菌肉厚可达 15 mm，颜色浅黄褐色。菌管长可达 10 mm，与菌肉同色。担孢子大小为（6～7.6）μm ×（1.2～1.9）μm，圆柱形，略弯曲，无色，薄壁，光滑，非淀粉质且不嗜蓝。

生态习性： 夏秋季期间，腐生于柳树的活立木和倒木上，会造成木材白色腐朽。

地理分布： 全球分布：欧洲、亚洲和美洲。中国分布广泛。标本采集于龙泉山城市森林公园的凤光寺管护站、高石岩管护站、龙泉湖管护站和石经寺管护站。

用途或危害性： 具有药用价值。潜在的林木腐朽病菌，可以引起木材腐朽。粗糙拟迷孔菌在造纸工业中也展现出重要应用价值，其子实体经过干燥处理后，能够转化为纸浆，进而被巧妙地用来制造具有独特纹理与丰富色彩的纸张，为造纸工艺增添了新的创意与可能性。

担子菌门 Basidiomycota | 285

图 144 粗糙拟迷孔菌（*Daedaleopsis confragosa*）（标尺：a～d = 1 cm。）

145. *Favolus tenuiculus* P. Beauv. （图 145）

汉语名称： 略薄棱孔菌。其他名称如略薄多孔菌等。

形态特征： 子实体（担子果）一年生。子实体具有柄，覆瓦状叠生，新鲜时白色，后期奶油色，肉质，无嗅无味，干燥后奶油黄至淡黄色，质地软木栓质。菌盖形状近扇形，长达 1.5 cm，宽达 2.5 cm，基部厚达 2 mm；菌盖表面颜色多样，白色、乳白色至乳黄色，表面光滑，具辐射状条纹；边缘钝，常呈现撕裂状，干后向内卷。孔口表面乳白色至乳黄色，且不具备折光效应；孔口形状多角形，呈辐射状排列，每毫米 2～3 个。管口边缘薄而撕裂；菌管比孔面颜色稍深，长达 1.4 mm。菌肉新鲜时颜色为乳白色，干燥后浅黄色，质地为软木栓质，厚达 0.6 mm。菌柄侧生，长达 3.2 mm，直径可达 3 mm。担子大小为（9～18）μm ×（5～7）μm，棍棒形，4 孢子结构。担孢子大小为（8.9～11）μm ×（2.9～4）μm，长椭圆形至圆柱形，向末端渐细，无色，薄壁，光滑。

生态习性： 夏季期间，呈群生、丛生状态生于枯木上。

地理分布： 全球分布：中国和古巴国家。中国分布：四川和广东等地。标本采集于龙泉山城市森林公园的高石岩管护站。

用途或危害性： 食用和药用价值不明。潜在的林木腐朽病菌，可以引起木材腐朽。

担子菌门 Basidiomycota 287

图 145 略薄棱孔菌（*Favolus tenuiculus*）（标尺：a～d = 1 cm。）

146. *Lentinus arcularius* (Batsch) Zmitr. （图 146）

汉语名称：漏斗韧伞。其他名称如漏斗多孔菌、漏斗香菇和漏斗棱孔菌等。

形态特征：子实体（担子果）小至中型，一年生，质地呈肉质至革质。菌盖形状圆形，直径可达 2 cm，厚可达 3 mm；菌盖表面新鲜时乳黄色，干燥后黄褐色，并被覆以暗褐色或红褐色的细小鳞片；边缘锐，干燥后还会略微向内卷曲。孔口表面在干燥后呈现出浅黄色或橘黄色；形状多角形，每毫米 1～4 个；边缘薄，呈撕裂状。菌肉颜色淡黄色至黄褐色，厚可达 1 mm。菌柄长宽为（0.7～2.0）cm ×（0.1～0.3）cm，中生，灰褐色，被绒毛。菌管与孔口表面同色，长可达 2 mm。菌柄与菌盖同色，干后皱缩，长可达 3 cm，直径可达 2 mm。担子大小为（20～23）μm ×（4～5）μm，2～4 孢子结构，棒形，小梗直立，长约 2 μm。担孢子大小为（8.2～9.8）μm ×（2.8～3.2）μm，形状圆柱形，略弯曲，无色，薄壁，光滑，含 1～2 个油滴，非淀粉质且不嗜蓝。

生态习性：夏季期间，呈单生或簇生状态生于多种阔叶树的死树或倒木上，会造成木材白色腐朽。

地理分布：全球分布广泛。中国分布广泛。标本采集于龙泉山城市森林公园的四方山管护站、大河坝管护站、林家坪管护站和元包村。

用途或危害性：药用和食用价值不明。潜在的林木腐朽病菌，可以引起木材腐朽。

担子菌门 Basidiomycota

图146 漏斗韧伞（*Lentinus arcularius*）（标尺：a～d = 1 cm。）

147. *Perenniporia pyricola* Y.C. Dai & B.K. Cui （图 147）

汉语名称：梨生多年卧孔菌。

形态特征：子实体（担子果）多年生，呈现平伏且贴生的状态，质地木栓质，长可达 20 cm，宽可达 8 cm，中部厚可达 1.2 cm。孔口表面新鲜时奶油色至肉桂黄色，干燥后黄白色；孔口形状多样，圆形至多角形，每毫米 3～5 个；边缘薄且全缘。不育边缘奶油色至浅黄色，宽可达 1 mm。菌肉颜色为奶油色，薄，厚可达 0.2 mm。菌管与孔口表面同色，长可达 1 cm。担子大小为（17～26）μm ×（5～8）μm，棒状，4 孢子结构；幼担子在形状上与成熟担子一致，但稍小。担孢子大小为（6.3～7.6）μm ×（4.8～6.5）μm，形状椭圆形，平截，无色，厚壁，光滑，拟糊精质，嗜蓝。

生态习性：夏秋季期间，腐生于阔叶树的活立木或死树上，会造成木材白色腐朽。

地理分布：全球分布：中国。中国分布：东北、华北和西南等地区。标本采集于龙泉山城市森林公园的四方山管护站。

用途或危害性：食用和药用价值不明。潜在致病菌，可以引起林木腐朽。

担子菌门 Basidiomycota | 291

图 147 梨生多年卧孔菌（*Perenniporia pyricola*）（标尺：a～c = 1 cm。）

148. *Pycnoporus cinnabarinus* (Jacq.) P. Karst. （图 148）

汉语名称： 朱红密孔菌。

形态特征： 子实体（担子果）小至中型。菌盖宽 2～7 cm，厚 0.5～2 cm，其形状多样，扁半圆形至肾形，基部较为狭小，整体呈木栓质，无柄，颜色为橙色至红色，后期褪色，无环带，表面覆盖着微细的绒毛或光滑无毛，并带有细微的皱纹。菌肉呈橙色，有明显的环纹，厚 0.3～0.6 cm。菌管长 0.1～0.4 cm，红色，圆形，形状为多角形，每毫米 2～4 个。担孢子大小为（5～7）μm ×（2～3）μm，圆柱形，光滑，无色。

生态习性： 呈单生、群生或叠生状态常生于阔叶树的倒腐木上。

地理分布： 全球分布：欧洲、亚洲、美洲和大洋洲。中国分布广泛。标本采集于龙泉山城市森林公园的四方山管护站、龙泉湖管护站、天鹅岭管护站和红花管护站。

用途或危害性： 具有药用价值。潜在的林木腐朽病菌，可以引起木材腐朽。据文献记载，朱红密孔菌可将阿魏酸转化为香兰素，而香兰素具有增香、增味和食物防腐等作用。

担子菌门 Basidiomycota | 293

图 148　朱红密孔菌（*Pycnoporus cinnabarinus*）（标尺：a～f = 1 cm。）

149. *Trametes strumosa* (Fr.) Zmitr., Wasser & Ezhov　　　　　　　　　　（图149）

汉语名称：膨大栓菌。其他名称如膨大革孔菌等。

形态特征：子实体（担子果）一年生，无柄。在新鲜状态下，子实体呈现出革质的质地，而干燥后则转变为木栓质，重量明显减轻。菌盖形状为半圆形，宽 5.7 cm，厚 0.8 cm，表面颜色为棕褐色，质地革质，具明显的同心环沟。孔口表面橄榄褐色，形状圆形，每毫米 4～6 个。菌肉呈黄褐色，质地木栓质，厚 6.9 mm。菌管颜色为褐色。担子大小为（20～28）μm ×（6～8）μm，棍棒形，4 孢子结构，基部具锁状联合，有的基部稍厚壁。担孢子大小为（8.2～10.2）μm ×（3.5～3.9）μm，圆柱形，薄壁，光滑，不嗜蓝，无色，并可能含有一至数个小的内含物。

生态习性：夏秋季期间，腐生于阔叶树上。

地理分布：全球分布：中国和几内亚等国家。中国分布：北京、河南、湖北、湖南、广西、海南、江苏、四川、陕西和云南等地。标本采集于龙泉山城市森林公园的红花管护站。

用途或危害性：食用和药用价值不明。林木病原菌，常引起木材腐朽。

担子菌门 Basidiomycota | 295

图 149 膨大栓菌（*Trametes strumosa*）（标尺：a～h = 1 cm。）

150. *Trametes hirsuta* (Wulfen) Lloyd （图 150）

汉语名称：硬毛栓菌。其他名称如毛栓孔菌和毛栓菌等。

形态特征：子实体（担子果）呈覆瓦状叠生，质地革质。菌盖长可达 4 cm，宽可达 9 cm，中部厚可达 12 mm，形态半圆形或扇形；表面颜色乳色至浅棕黄色，老熟部分常带青苔的青褐色，被硬毛和细微绒毛，具明显的同心环纹和环沟；边缘锐，颜色黄褐色。孔口形状多角形，每毫米 3～4 个，表面颜色乳白色至灰褐色；边缘薄，全缘。不育边缘不明显，宽可达 1 mm。菌肉厚可达 5 mm，颜色乳白色。菌管长可达 8 mm，颜色为奶油色或浅乳黄色。担孢子大小为（4.1～5.6）μm ×（1.8～2.3）μm，圆柱形，无色，薄壁，光滑，非淀粉质且不嗜蓝。

生态习性：春季至秋季期间，腐生于多种阔叶树倒木、树桩上，造成木材白色腐朽。

地理分布：全球分布：欧洲、亚洲、美洲和大洋洲。中国分布广泛。标本采集于龙泉山城市森林公园的凤光寺管护站、大河坝管护站、天鹅岭管护站、龙泉湖管护站和红花管护站。

用途或危害性：具有药用价值。潜在的林木腐朽病菌，可以引起木材腐朽。

担子菌门 Basidiomycota | 297

图 150 硬毛栓菌（*Trametes hirsuta*）（标尺：a～f = 1 cm。）

151. *Trametes versicolor* (L.) Lloyd （图 151）

汉语名称： 云芝。其他名称如杂色栓孔菌和杂色栓菌等。

形态特征： 子实体（担子果）呈覆瓦状叠生，革质。菌盖长可达 8 cm，宽可达 10 cm，中部厚可达 0.5 cm，形状半圆形；表面颜色多样，淡黄色至蓝灰色，部分带蓝紫色，有丝质光泽，被密绒毛，具同心环带，边缘锐。孔口每毫米 4～5 个，形状多变，多角形至近圆形，表面颜色奶油色至烟灰色，边缘薄，呈撕裂状。具有明显的不育边缘，宽可达 2 mm。菌肉厚可达 2 mm，颜色乳白色。菌管长可达 3 mm，颜色烟灰色至灰褐色。菌柄无。担孢子大小为（4～5.3）μm ×（1.8～2.2）μm，圆柱形，无色，薄壁，光滑，非淀粉质且不嗜蓝。

生态习性： 春季至秋季期间，腐生于多种阔叶树的倒木、树桩和储木上，会造成木材白色腐朽。

地理分布： 全球分布：欧洲、亚洲、美洲和大洋洲。中国分布广泛。标本采集于龙泉山城市森林公园的四方山管护站、凤光寺管护站、龙泉湖管护站和红花管护站。

用途或危害性： 具有药用价值。据记载，云芝糖肽具有抗肿瘤作用，云芝葡聚糖对非洲猪瘟病有体外抑制作用，云芝胞内糖肽胶囊联合替诺福韦酯片有治疗慢性乙型肝炎（CHB）的效果。潜在的林木腐朽病菌，可以引起木材腐朽。

担子菌门 Basidiomycota | 299

图 151 云芝（*Trametes versicolor*）（标尺：b～e = 1 cm。）

152. *Truncospora ochroleuca* (Berk.) Pilát　　　　　　　　　　　　　　（图 152）

汉语名称：白赭截孢孔菌。

形态特征：子实体（担子果）多年生，干燥时呈木栓状。菌盖通常半圆形，基部宽 2.6 cm，厚 1.5 cm；菌盖表面颜色，幼时浅黄色到浅赭色，干燥后赭色，边缘钝。菌孔新鲜时，表面呈乳白色，干燥后变浅黄色，形状圆形孔，每毫米 4～5 个。菌肉浅黄色，质地软木质，厚约 1 mm。菌管与菌孔表面同色，木质坚硬，厚可达 14 mm。菌肉中的生殖菌丝比较少，呈透明，薄壁，通常不分枝，直径 1.8～3.1 μm；骨架菌丝占优势，透明，具有宽到窄的厚壁，不分枝，交织，直径 3.2～5.2 μm。菌管中生殖菌丝较少，透明，薄壁，不分枝，直径 1.5～3.1 μm；骨架菌丝占优势，透明，具宽到窄的厚壁，不分枝，交织，直径 3.1～4.7 μm。子实层未发现囊状体结构，褐色的小囊状体存在，透明质，薄壁，大小为（13.1～17）μm ×（5.5～7.5）μm。担子大小为（20.5～28.1）μm ×（10.6～12.1）μm，筒状，4 孢子结构。担孢子大小为（11.2～16.7）μm ×（7.1～9.1）μm，椭球体，截形，透明质，厚壁，光滑，强糊精质。

生态习性：呈群生状态生于活立木或倒腐木上。

地理分布：全球分布：希腊、中国、澳大利亚、马来西亚和巴布亚新几内亚等国家。中国分布广泛。标本采集于龙泉山城市森林公园的四方山管护站、凤光寺管护站和钟家山管护站。

用途或危害性：食用和药用价值不明。潜在的林木腐朽病菌，可以引起木材腐朽。

图 152 白赭截孢孔菌（*Truncospora ochroleuca*）（标尺：b～e = 1 cm。）

153. *Vanderbylia fraxinea* (Bull.) D.A. Reid （图 153）

汉语名称： 白蜡万氏寄生革菌。其他名称如白蜡多年卧孔菌、白蜡范氏孔菌和白蜡德孔菌等。

形态特征： 子实体（担子果）一年生，呈覆瓦状叠生状态，质地木栓质。菌盖形状半圆形，外伸可达 9 cm，宽可达 13 cm，基部厚可达 2 cm；表面颜色为浅黄褐色至红褐色或污褐色，触感上可能粗糙也可能光滑，其上同心环带虽存在但不甚明显，边缘部分则可能锐利或略显钝感。孔口表面在新鲜时呈现奶油色，且无折光反应；圆形，每毫米 7～8 个；边缘部分厚实且全缘。菌肉颜色浅黄褐色，厚可达 10 mm。菌管与菌肉同色，长可达 10 mm。担孢子大小为（5.2～6.1）μm ×（4.6～5.2）μm，宽椭圆形至近球形，无色，厚壁，光滑，拟糊精质，嗜蓝。

生态习性： 夏秋季期间，腐生于多种阔叶树的活立木、死树、倒木和树桩上。

地理分布： 全球分布：欧洲、亚洲和美洲。中国分布：华北、华中和西南等地区。标本采集于龙泉山城市森林公园的四方山管护站。

用途或危害性： 具有药用价值。潜在的林木腐朽病菌，可以引起木材腐朽。

担子菌门 Basidiomycota 303

图 153 白蜡万氏寄生革菌（*Vanderbylia fraxinea*）（标尺：a～c = 1 cm。）

灵芝科 Ganodermataceae

154. *Ganoderma applanatum* (Pers.) Pat. （图 154）

汉语名称：树舌灵芝。

形态特征：子实体（担子果）多年生，无柄，单生或覆瓦状叠生，木栓质。菌盖呈半圆形向外延展，外伸可达 28 cm，宽可达 55 cm，基部厚可达 9 cm；表面颜色锈褐色至灰褐色，具有明显的环沟和环带；边缘圆，钝，颜色从奶油色至浅灰褐色。孔口表面颜色灰白色至淡褐色；形状为圆形，每毫米 4～7 个；边缘厚且全缘。菌肉部分在新鲜时呈现出浅褐色，厚可达 3 cm。菌管褐色，长可达 6 cm，有时具白色菌丝束。担孢子大小为（6～8.5）μm ×（4.5～6）μm，形状为广卵圆形，顶端平截，颜色为淡褐色至褐色；具有双层壁的结构特征，外壁无色、光滑，内壁具小刺；非淀粉质，嗜蓝。

生态习性：春季至秋季期间，腐生于多种阔叶树的活立木、倒木及腐木上，会造成木材白色腐朽。

地理分布：全球分布：欧洲、亚洲、美洲和大洋洲。中国分布广泛。标本采集于龙泉山城市森林公园的龙泉湖管护站、钟家山管护站、红花管护站、四方山管护站和元包村。

用途或危害性：具有药用价值。其抗癌与抗肿瘤特性，能够有效抵御自由基侵害，具有抗氧化能力并可延缓衰老，同时还具备调节机体免疫应答、促进健康平衡的能力。此外，它还具有消炎杀菌的显著作用，有助于缓解炎症，维护体内环境的清洁与健康。在代谢管理方面，它还具有降低血糖水平、保护肝脏免受损害等功效。潜在的林木腐朽病菌，可以引起木材腐朽。

担子菌门 Basidiomycota | 305

图 154　树舌灵芝（*Ganoderma applanatum*）（标尺：b～d = 1 cm。）

155. *Ganoderma australe* (Fr.) Pat. （图 155）

汉语名称： 南方灵芝。

形态特征： 子实体（担子果）一年生到多年生，无柄，质地有木栓质至木质。菌盖形状为半圆形，大小为（6.5～13）cm×（4.5～10）cm，厚约 4 cm；表面颜色灰褐色至黑褐色，无似漆样光泽，有显著的环棱和环带，有时出现龟裂现象，边缘圆钝，与菌盖同色或有时呈红褐色。菌肉棕褐色或肉桂色，硬，厚 1.5～4 cm，有黑色壳质层。菌管褐色到深褐色，成层，每层长 5～7 mm。孔面颜色多变，褐色或黄褐色，有时呈黄色；管口略圆，每毫米 4～5 个。担孢子大小为（7～8.5）μm×（4.2～5.5）μm，形状近似广卵圆形，顶端平截，颜色淡褐色至褐色；双层壁，外壁无色，光滑，内壁具小刺；非淀粉质，嗜蓝。

生态习性： 春季至秋季期间，腐生于多种阔叶树的活立木、倒木、树桩和腐木上，会造成木材白色腐朽。

地理分布： 全球分布：遍布各大洲。中国分布：华中、华南和西南等地区。标本采集于龙泉山城市森林公园的天鹅岭管护站和红花管护站。

用途或危害性： 具有药用价值，可栽培。潜在的林木腐朽病菌，可以引起木材腐朽。该菌能够分泌一些与木质素降解相关的漆酶，可用于修复污染土壤，对工厂水污染具有部分解毒与脱色等作用。

担子菌门 Basidiomycota

图 155　南方灵芝（*Ganoderma australe*）（标尺：a～d = 1 cm。）

156. *Ganoderma gibbosum* (Blume & T. Nees) Pat. （图 156）

汉语名称： 有柄灵芝。其他名称如有柄树舌灵芝等。

形态特征： 子实体（担子果）多年生，具有侧生柄，干燥后木栓质至木质。菌盖近圆形，直径可达 11 cm，中部厚可达 3.5 cm；表面被一皮壳，颜色多样，污褐色至锈褐色，具明显的同心环纹和环沟。孔口表面颜色为奶油色至浅黄绿色；形状为圆形，每毫米 3～5 个；边缘薄，全缘。具有明显的不育边缘，颜色为奶油色，宽可达 2 mm。菌肉异质，上层为浅黄褐色，下层为褐色，具黑色骨质夹层，厚可达 6 mm。菌管颜色为褐色，单层长可达 1.6 cm。菌柄与菌盖同色，表面具瘤状突起，长可达 11.5 cm，直径可达 2.6 cm。担孢子大小为（7～9.1）μm ×（6.5～8）μm，卵圆形，顶端平截；外壁无色，内壁呈浅黄色至橙黄色，遍布小刺；非淀粉质，嗜蓝。

生态习性： 春季至秋季期间，呈单生状态生于阔叶树的树桩上，会造成木材白色腐朽。

地理分布： 全球分布：中国和印度尼西亚等国家。中国分布：华南和西南等地区。标本采集于龙泉山城市森林公园的天鹅岭管护站和红花管护站。

用途或危害性： 具有药用价值。潜在的林木腐朽病菌，可以引起木材腐朽。

担子菌门 Basidiomycota 309

图 156 有柄灵芝（*Ganoderma gibbosum*）（标尺：a～d = 1 cm。）

157. *Ganoderma lucidum* (Curtis) P. Karst. （图157）

汉语名称： 灵芝。其他名称如赤芝等。

形态特征： 子实体（担子果）一年生，具有侧生或偏生柄，新鲜时软木栓质，干燥后木栓质。菌盖为平展盖形，外伸可达12 cm，宽可达16 cm，基部厚可达2.6 cm；颜色多变，幼时为浅黄色、浅黄褐色至黄褐色，成熟时为黄褐色至红褐色；边缘钝或锐，有时微卷。孔口表面幼时白色，成熟时硫磺色，触摸后变为褐色或深褐色，干燥时淡黄色；孔口形状多为近圆形或多角形，每毫米5～6个；边缘薄，全缘。不育边缘明显，宽可达4 mm。菌肉颜色为木材色至浅褐色，双层，上层菌肉颜色浅，下层菌肉颜色深，软木栓质，厚可达1 cm。菌管褐色，木栓质，颜色明显比菌肉深，长可达1.7 cm。菌柄扁平状或近圆柱形，幼时橙黄色至浅黄褐色，成熟时红褐色至紫黑色，长可达22 cm，直径可达3.5 cm。担孢子大小为（9～10.7）μm ×（5.8～7）μm，形状为椭圆形，顶端平截。担孢子颜色为浅褐色，具有双层壁结构，内壁布满小刺；非淀粉质，嗜蓝。

生态习性： 夏秋季期间，腐生于多种阔叶树的垂死木、倒木和腐木上，会造成木材白色腐朽。

地理分布： 全球分布：欧洲、亚洲、美洲和非洲。中国分布：华北、华中和西南等地区。标本采集于龙泉山城市森林公园的四方山管护站和龙泉湖管护站。

用途或危害性： 具有药用价值。据记载，灵芝孢子粉多糖对乙酰氨基酚肝损伤能够起到预保护作用。潜在的林木腐朽病菌，可以引起木材腐朽。

担子菌门 Basidiomycota | 311

图 157　灵芝（*Ganoderma lucidum*）（标尺：a～f = 1 cm。）

齿耳菌科 Steccherinaceae

158. *Nigroporus vinosus* (Berk.) Murrill （图 158）

汉语名称：薄黑孔菌。其他名称如紫红黑孔菌等。

形态特征：子实体（担子果）一年生，无柄，呈覆瓦状叠生，质地革质。菌盖形状半圆形，外伸可达 7 cm，宽可达 9 cm，厚可达 5 mm；在新鲜状态下，菌盖表面色彩丰富，自紫红褐色渐变至紫褐色，表面装饰有色彩各异的同心圆环或环沟，部分区域还可见瘤状凸起，干燥后转为深黑褐色；边缘形态多变，锐或钝，奶油色至浅褐色。孔口表面颜色黄褐色至灰紫褐色；形状多样，圆形至多角形，每毫米 8～10 个；边缘薄，全缘。具有明显的不育边缘，颜色为奶油色，宽可达 3 mm。菌肉颜色浅紫褐色，厚可达 3.5 mm。菌管颜色紫褐色，长可达 1.5 mm。担孢子大小为 (3.5～4.4) μm × (1.6～2.1) μm，腊肠形至圆柱形，无色，薄壁，光滑，非淀粉质且不嗜蓝。

生态习性：夏秋季期间，腐生于阔叶树的腐木上，会造成木材白色腐朽。

地理分布：全球分布：中国、日本、美国和津巴布韦等国家。中国分布：华中、华南和西南等地区。标本采集于龙泉山城市森林公园的四方山管护站。

用途或危害性：食用和药用价值不明。潜在的林木腐朽病菌，可以引起木材腐朽。

担子菌门 Basidiomycota | 313

图158 薄黑孔菌（*Nigroporus vinosus*）（标尺：c, d = 1 cm。）

多孔菌目地位未定
Polyporales *family incertae sedis*

159. *Fabisporus sanguineus* (L.) Zmitr. （图 159）

汉语名称： 血红豆形菌。其他名称如血红密孔菌和血红孔菌等。

形态特征： 子实体（担子果）质地木栓质至革质。菌盖从基部向外伸可达 3～4 cm，宽可达 5～6 cm，基部厚可达 0.5～1 cm，菌盖形态多变，包括扇形、半圆形及肾形；新鲜时，表面颜色为浅红褐色、锈褐色至黄褐色，后期褪色至部分近白色，干燥后几乎不变色；边缘锐，有时波状。菌肉厚可达 10 mm，浅红褐色至红褐色。孔口每毫米 5～6 个，新鲜时，表面砖红色、橙红色至深红色，形状近圆形。具有明显的不育边缘，宽可达 1 mm，常呈橙黄色至杏黄色。菌管长达 2 mm，颜色橙红色至红褐色。担孢子大小为（3.6～4.5）μm ×（1.6～2）μm，圆柱形，薄壁，光滑，无色，非淀粉质且不嗜蓝。

生态习性： 呈散生、群生或簇生状态生于多种阔叶树的倒木、树桩和腐木上，会造成木材白色腐朽。

地理分布： 全球分布：热带和亚热带地区。中国分布广泛。标本采集于龙泉山城市森林公园的龙泉湖管护站和红花管护站。

用途或危害性： 具有药用价值。潜在的林木腐朽病菌，可以引起木材腐朽。

担子菌门 Basidiomycota

图 159 血红豆形菌（*Fabisporus sanguineus*）（标尺：a～c = 1 cm。）

红菇目
Russulales

红菇科 Russulaceae

160. *Russula cerolens* Shaffer （图 160）

汉语名称：蜡味红菇。

形态特征：子实体（担子果）小至中型。菌盖直径 2.5～4.5 cm，幼时菌盖半球形，成熟后逐渐平展，有时中间稍下凹，边缘近平展，具有小疣组成的条纹，边缘不开裂，淡黄色至棕黄色，中部色深，常具红褐色至灰褐色斑点，表面光滑，湿时稍黏。菌肉初期白色，老后或干燥后变为淡黄色，味道辛辣。菌褶直生，排列紧密，长度不一，近菌柄处常见分叉现象，白色，老后变为奶油色。菌柄长 3～4.5 cm，直径 0.8～1.3 cm，棒状，白色，初内实，后中空。担子大小为（37.6～45.6）μm ×（8.2～9.2）μm，棒状，中部稍膨大，2～4 孢子结构。担孢子大小为（6.3～9.0）μm ×（5.8～8.4）μm，形态多样，近球形至宽椭球形，少数椭球形，颜色为白色。侧生囊状体大小为（56.4～72.4）μm ×（8.6～11.2）μm，棒状，近梭形，顶端常具乳突，有时具双乳突，表面光滑。菌盖表皮呈栅栏状排列，菌丝末端尖锐或膨大，均具备隔膜结构，未发现盖面囊状体。

生态习性：夏秋季期间，呈单生、散生状态生于针阔混交林中的地上。

地理分布：全球分布：中国和美国等国家。中国分布：四川和山东等地。标本采集于龙泉山城市森林公园的凤光寺管护站和高石岩管护站。

用途或危害性：食用和药用价值不明。

图 160 蜡味红菇（*Russula cerolens*）（标尺：a～d = 1 cm。）

161. *Russula cuprea* Krombh. （图 161）

汉语名称： 铜色红菇。其他名称如光亮红菇等。

形态特征： 子实体（担子果）中型。菌盖直径 6～16 cm，初期扁半球形，后期中心部分下凹或趋于平展，表面湿润而光亮，色彩较多变，有浅紫褐色、灰紫褐色、酒紫褐色或带红紫褐色，色彩往往不均，或中部色彩深，边缘则显得平直且带有细条棱及老后开裂。菌肉白色，质脆，伤不变色，厚 2～7 mm。菌褶直生至离生，密度适中且长度不一，靠近菌柄的位置，菌褶常出现分叉现象，颜色多为乳黄色或稍深。菌柄形态近棒状，柱形，白色或部分带玫瑰红色，长 2～7 cm，直径 3～8 mm，表面近光滑，质脆，内部松软，老后中空。褶缘囊状体大小为（40～50）μm ×（7～10）μm，柱状或近棒状，近无色。孢子印白色。担孢子大小为（8～10）μm ×（8～9.5）μm，淡黄，近球形，具明显刺棱。

生态习性： 夏秋季期间，呈单生或群生状态生于混交林中的地上。

地理分布： 全球分布：亚洲和欧洲等地区。中国分布：西南等地区。标本采集于龙泉山城市森林公园的四方山管护站。

用途或危害性： 具有食用价值。

担子菌门 Basidiomycota | 319

图 161　铜色红菇（*Russula cuprea*）（标尺：a～c = 1 cm。）

162. *Russula foetens* Pers. （图 162）

汉语名称： 臭红菇。其他名称如油辣菇、臭黄菇等。

形态特征： 子实体（担子果）中至大型。菌盖直径 5～10 cm，初期形态近似扁半球状，随时间推移逐渐平坦展开，中心区域略呈凹陷状，颜色从浅黄或略带污赭色转变为浅黄褐色，中心部位则呈现土褐色，表面触感光滑且带有黏性，边缘具有小疣组成的明显粗条纹。菌肉薄，颜色污白色，近表皮处呈浅黄色，质脆，具有腥臭气味；口感辛辣且具苦味。菌褶弯生，排列紧密且褶幅较宽，初期为污白色，随后逐渐转变为浅黄色，常伴有暗色斑点或痕迹，长度大致相等，较厚，基部具分叉现象。菌柄长 4～10 cm，直径 1.5～3 cm，较粗壮，上下等粗或向下稍渐细，污白色至污褐色，老熟或伤后常出现深色斑痕，内部松软渐变空心。担孢子大小为 (7.5～10) μm × (7～9.5) μm，形状球形至近球形，有明显小刺或疣突至棱纹，无色，淀粉质。

生态习性： 夏秋季期间，呈群生或散生状态生于针叶林或阔叶林中的地上。

地理分布： 全球分布：中国和法国等国家。中国分布：四川、陕西、北京等地。标本采集于龙泉山城市森林公园的龙泉湖管护站。

用途或危害性： 具有一定毒性。

担子菌门 Basidiomycota | 321

图 162 臭红菇（*Russula foetens*）（标尺：a～c = 1 cm。）

163. *Russula ilicis* Romagn. （图 163）

汉语名称：冬青红菇。

形态特征：子实体（担子果）中型。菌盖直径 3～6 cm，初期菌盖形状为半球形，后逐渐平展至中间凹陷，颜色为白色，边缘反卷。菌柄形状圆柱形，中生，中空。菌褶为白色，较密，长度相等，无小菌褶。

生态习性：夏季期间，呈单生状态生于阔叶树林内。

地理分布：全球分布：欧洲和亚洲等地区。中国分布：西南等地区。标本采集于龙泉山城市森林公园的石经寺管护站。

用途或危害性：食用和药用价值不明。

图 163　冬青红菇（*Russula ilicis*）（标尺：a～c = 1 cm。）

164. *Russula insignis* Quél. (图 164)

汉语名称：红花红菇。

形态特征：子实体（担子果）中型。菌盖直径 2.5 ～ 3.0 cm，初期菌盖形状扁球形，随着成熟逐渐平展，后中间凹陷；颜色为污白色，中央颜色深，偏浅褐色；有条纹状的凸起。菌柄形状圆柱状，中生，中空，颜色白色。菌褶延生，白色，稀疏，并且有菌褶分叉出小菌褶。

生态习性：夏季期间，呈单生状态生于阔叶树林内。

地理分布：全球分布：中国、法国和土耳其等国家。中国分布：贵州、四川和北京等地。标本采集于龙泉山城市森林公园的石经寺管护站。

用途或危害性：食用和药用价值不明。

图 164　红花红菇（*Russula insignis*）（标尺：a ～ d = 1 cm。）

165. *Russula graminea* Ruots., H.-G. Unger & Vauras （图 165）

汉语名称：禾红菇。

形态特征：子实体（担子果）中型。菌盖直径 2.5～5.0 cm，初期形状扁球形，成熟后期逐渐平展，中间凹陷；中央颜色为稍深的红色并伴有白色斑点，边缘颜色为浅粉色；边缘反卷。菌柄形状圆柱形，颜色为白色，中空，中生。菌褶颜色污白色，稀疏，等长，有小菌褶，偶有菌褶远离菌柄的一端呈腹鼓状。

生态习性：夏季期间，呈散生或群生状态生于湿润的阔叶树林中。

地理分布：全球分布：中国和芬兰等国家。中国分布：四川和贵州等地。标本采集于龙泉山城市森林公园的四方山管护站。

用途或危害性：食用和药用价值不明。

担子菌门 Basidiomycota | 325

图 165　禾红菇（*Russula graminea*）（标尺：a～c = 1 cm。）

166. *Russula puellaris* Fr. （图 166）

汉语名称：美红菇。其他名称如紫红菇和紫薇红菇等。

形态特征：子实体（担子果）小至中型。菌盖直径 2～4 cm，初期形状扁球形，成熟后期逐渐平展，中间凹陷；中央颜色为稍深的红色，边缘颜色浅于菌盖中央。菌褶延生，颜色为浅黄色，等长，密度较稀疏，偶伴有小菌褶。菌柄颜色为白色，中生，中部空。

生态习性：呈单生至散生状态生于阔叶林及混交林中的地上。常与林木形成外生菌根。

地理分布：全球分布：中国和英国等国家。中国分布：四川、湖南、江苏、广东、贵州和西藏等地。标本采集于龙泉山城市森林公园的红花村。

用途或危害性：具有食用价值。

图 166　美红菇（*Russula puellaris*）（标尺：a～c = 1 cm。）

167. *Russula rosea* Pers. （图 167）

汉语名称：红色红菇。其他名称如玫瑰红菇等。

形态特征：子实体（担子果）小至中型。菌盖直径 3～6 cm，初期扁半球形，成熟后期平展，中部微下凹；颜色为偏粉的红色，中央凹陷处颜色较深。菌褶颜色白色，延生，密集，长度一致。菌柄圆柱形，基部稍微有膨大现象，中空，中生，颜色为白色。

生态习性：呈单生至散生或群生状态生于阔叶林或混交林中的地上。常与林木形成外生菌根。

地理分布：全球分布：欧洲和亚洲等地区。中国分布：四川、河北、河南、广东和海南等地。标本采集于龙泉山城市森林公园的元包村和石经寺管护站。

用途或危害性：具有食用价值。

图 167 红色红菇（*Russula rosea*）（标尺：a～f = 1 cm。）

168. *Russula subfoetens* W.G. Sm. （图 168）

汉语名称：亚臭红菇。

形态特征：子实体（担子果）中型。菌盖直径 5～8 cm，初期扁半球形，成熟后期平展，中部微向下凹，形状呈碟状，边缘常具有不规则开裂，具有条纹，湿时呈黏性，颜色淡黄色、土黄色，中部颜色稍深。菌褶直生，中等程度密，分叉，颜色白色至乳白色，褶间具横脉。菌肉为白色，伤不变色，非常薄，常常具腐臭气味，味道辛辣。菌柄长 5～10 cm，宽 0.7～1.0 cm，形状为圆柱形，基部稍细，白色，老后黄褐色，表面光滑，初时内部实心，成熟后内部中空。孢子印颜色为乳黄色。担子大小为（32.4～46.2）μm ×（8.8～11.4）μm，形状为棒状，无色透明，中部膨大，2～4 孢子结构。担孢子大小为（5.8～9.0）μm ×（5.2～8.0）μm，形状球形、近球形至宽椭球形，无色。侧生囊状体大小为（58.4～76.3）μm ×（7.8～10.2）μm，棒状，近纺锤形，末端具细长乳突，表面具纹饰。菌盖表皮菌丝形状呈栅栏状，末端钝圆，少见尖锐，有隔，具菌盖表皮囊状体，具纹饰。

生态习性：夏秋季期间，呈群生至散生状态生于板栗等落叶阔叶林的林中地上。

地理分布：全球分布：中国和英国等国家。中国分布：湖北、山东和四川等地。标本采集于龙泉山城市森林公园的龙泉湖管护站。

用途或危害性：食用和药用价值不明。

担子菌门 Basidiomycota 331

图 168 亚臭红菇（*Russula subfoetens*）（标尺：a～c = 1 cm。）

169. *Russula vesca* Fr. （图169）

汉语名称： 菱红菇。其他名称如细弱红菇等。

形态特征： 子实体（担子果）中型。菌盖直径 3.5～11 cm，初期形态近乎圆形，随后逐渐转变为扁半球状，最终平展开来，中部呈现下凹状态；颜色丰富多变，包括酒褐色、浅红褐色及浅褐色等；边缘在老化后常带有短条纹，且菌盖表皮较短，不及边缘宽度，表面可能带有微皱或保持平滑。菌肉颜色白色，趋于变淡黄色，气味不显著，味道柔和。菌褶颜色白色，或稍带乳黄色，排列紧密，直生，基部常分叉，褶间有明显的横脉，褶缘上偶尔能发现锈褐色的斑点。菌柄长 2～6.6 cm，粗 1～2.8 cm，圆柱形或基部略细，基部常变黄或变褐色。孢子印白色。担孢子大小为（6.4～8.5）μm×（4.9～6.7）μm，无色，近球形，有小疣。褶缘囊体近大小为（54～80）μm×（6～11）μm，形态上呈现出梭形的特征。

生态习性： 夏秋季期间，呈群生或散生状态生于阔叶林及混交林中的地上。常与林木形成外生菌根。

地理分布： 全球分布：亚洲、欧洲和北美洲。中国分布：江西、河南、湖南、辽宁、江苏、福建、广东、广西、海南、四川、贵州、云南、西藏、新疆、香港和台湾。标本采集于龙泉山城市森林公园的四方山管护站。

用途或危害性： 可食用。具有抗癌作用，菱红菇多糖作为一种天然提取物，表现出了显著的生物活性，特别是在抗氧化方面表现出强大的能力。其还原能力的强大，意味着菱红菇多糖能够有效地将电子或氢原子传递给自由基，从而中断自由基链式反应，减少氧化应激对细胞的损害。此外，菱红菇多糖还具备卓越的清除羟自由基、亚硝酸根和超氧自由基的能力。这些自由基是体内氧化应激的重要来源，它们能够攻击细胞膜、DNA 和其他生物分子，导致细胞损伤和功能障碍。菱红菇多糖通过其特有的化学结构，能够高效地与这些自由基结合，将其转化为无害的物质，从而保护细胞免受氧化损伤。

担子菌门 Basidiomycota 333

图 169　菱红菇（*Russula vesca*）（标尺：a～c = 1 cm。）

170. *Russula virescens* (Schaeff.) Fr. （图 170）

汉语名称： 变绿红菇。其他名称如绿红菇、绿菇和青头菌等。

形态特征： 子实体（担子果）中至大型。菌盖直径 5 ~ 12 cm，初期形态介于近球形与凸镜形之间，随后逐渐伸展开来，中部区域常略微下凹；不黏或湿润时稍有黏；颜色为浅绿色、铜绿色或灰橄榄黄绿色至灰绿色，具有锈褐色斑点；表面覆盖着细毛状物或疣突，随着成熟度增加，表皮常出现斑状龟裂现象，老熟时边缘则形成明显的条纹，且表皮不易被剥离。菌肉厚，质地坚实，初期脆，后期逐渐变软，白色，伤不变色，或伤后变为黄锈色，味道柔和，气味不明显。菌褶离生至直生，初期白色，后期奶油色，老熟后边缘呈褐色，菌褶排列紧密且等长，具备横脉结构。菌柄长 4 ~ 10 cm，直径 1 ~ 4 cm，上下等粗，白色，实心或内部松软。担孢子大小为 (7 ~ 9) μm × (6 ~ 7.5) μm，形态上接近球形、卵圆形或近卵圆形，表面覆盖着微小的疣状突起，当多个担孢子相连时，可形成不完整的网纹结构；担孢子无色且具有淀粉质特性。

生态习性： 夏秋季期间，呈群生状态生于阔叶林或针阔混交林中的地上。

地理分布： 全球分布：德国、中国和日本等国家。中国分布广泛。标本采集于龙泉山城市森林公园的四方山管护站。

用途或危害性： 具有食用价值。

担子菌门 Basidiomycota 335

图 170　变绿红菇（*Russula virescens*）（标尺：a～c = 1 cm。）

171. *Lactarius camphoratus* (Bull.) Fr. （图 171）

汉语名称： 浓香乳菇。其他名称如香乳菇等。

形态特征： 子实体（担子果）小至中型。菌盖直径 1～4 cm，初始呈现凸镜形状，随后逐渐演变为宽凸镜形或中部略有凹陷的形态，表面常分布有乳突结构；表面湿或干，菌盖表面可能保持湿润或干燥状态，触感光滑或覆盖有一层粉末状物；颜色以暗红褐色为主，但常随时间褪色至锈褐色或橙褐色；边缘在后期逐渐呈现出圆齿状。菌肉颜色浅肉桂色至近白色，硬且脆。菌褶直生或稍下延，排列紧密或稠密，颜色近白色至浅粉色，成熟后常具浅红色至肉桂色。乳汁颜色呈乳白色，乳清状。菌柄长 1～5.5 cm，直径 0.8～1 cm，整体粗细均匀，表面光滑或基部附有丝状物，颜色与菌盖相近或更为浅淡。担孢子大小为（7～8）μm ×（6～7.5）μm，形态上近球形至宽椭圆形，表面装饰有疣突或散乱的脊状物，这些结构并不连接成网状，颜色为无色至近无色。褶缘囊状体大小为（60～90）μm ×（7.3～10.9）μm，形态呈梭形，具尖。

生态习性： 春至秋季期间，呈单生、散生或群生状态生于针叶林或阔叶林中的地上。

地理分布： 全球分布：欧洲和亚洲等地区。中国分布广泛。标本采集于龙泉山城市森林公园的四方山管护站、凤光寺管护站和天鹅岭管护站。

用途或危害性： 香乳菇中含有由 β-D- 半乳糖组成的杂多糖等成分，具有抗肿瘤作用。

担子菌门 Basidiomycota | 337

图171 浓香乳菇（*Lactarius camphoratus*）（标尺：c～f = 1 cm。）

172. *Lactarius cinnamomeus* W.F. Chiu （图 172）

汉语名称：黄褐乳菇。

形态特征：子实体（担子果）小至中型。菌盖直径 2～5 cm，菌盖表面灰褐黄色，随着成熟，菌盖逐渐平展后逐渐呈漏斗状；初期菌盖边缘颜色较浅，其余区域颜色较深，后颜色一致，并且有条纹状凸起。菌褶颜色，与菌盖颜色一致，一般密集，长度不一。菌柄中生，质地纤维质，形状圆柱状，偶有菌柄从靠近菌褶一端到菌柄基部逐渐变细，基部有白色菌丝可见。

生态习性：夏季期间，散生于柏树林地之中。

地理分布：全球分布：中国。中国分布：四川、云南和重庆等地。标本采集于龙泉山城市森林公园的大河坝管护站。

用途或危害性：食用和药用价值不明。

担子菌门 Basidiomycota | 339

图 172　黄褐乳菇（*Lactarius cinnamomeus*）（标尺：a～d = 1 cm。）

173. *Lactarius olivaceopallidus* Uniyal （图 173）

汉语名称： 橄榄绿乳菇。

形态特征： 子实体（担子果）中型。菌盖直径 2.1～8.8 cm，凸起，中心凹陷，最后漏斗状，中心橄榄黄色，向边缘变灰黄色，边缘浅；表面黏滑至凝胶状，中心黏，干燥后有黏性，无带状或偶有带状，浅黄色，边缘向下弯曲至向内卷曲。菌褶黄白色，幼时浅黄色，常有灰黄色斑点。伤变色为灰紫色；菌褶较密，具有小菌褶，一些在菌柄附近分叉，小菌褶数量多。菌柄长宽为（21～45）mm ×（10～23）mm，黄白色至淡黄色，中空。菌盖厚度 14 mm，黄白色至浅黄色。乳汁黄白色。气味温和，味道辛辣。担子大小为（51～72）μm ×（9.5～16）μm，近棒型，2～4 孢子结构。担孢子大小为（7.5～9.5）μm ×（7～8.5）μm，近球形至宽椭圆形。侧生囊状体大小为（51～113）μm ×（9～17.5）μm，近卵形至纺锤状，多数圆形至钝或锐尖的顶端，有时短尖，内含物致密。菌褶边缘不育细胞由盖表囊状体和边缘细胞组成。盖表囊状体大小为（34～6）μm ×（38.5～12）μm，宽纺锤形，圆形，顶端钝。边缘细胞大小为（13～23）μm ×（4～6）μm，圆柱状至近曲状具圆形的顶端。菌盖皮层厚 300～630 μm，由密集的具隔膜的菌丝组成，通常皱缩，在外部形成束，厚 1～4 μm。菌柄皮层厚 65～102 μm，菌丝宽 1～4 μm，具隔膜，不皱缩。

生态习性： 夏季期间，呈散生状态生于混交林地之中。

地理分布： 全球分布：中国和印度等国家。中国分布：四川和广西等地。标本采集于龙泉山城市森林公园的龙泉湖管护站。

用途或危害性： 食用和药用价值不明。

担子菌门 Basidiomycota | 341

图173 橄榄绿乳菇（*Lactarius olivaceopallidus*）（标尺：a～c = 1 cm。）

174. *Lactarius hirtipes* J.Z. Ying （图 174）

汉语名称：毛脚乳菇。

形态特征：子实体（担子果）中型。菌盖直径 2～4 cm，形态由扁半球形逐渐平展，中央区域略呈下陷状，且不具备环纹结构，颜色以红褐色至橙褐色为主。菌肉口感温和，无辛辣感。菌褶的生长方式多样，从直生到延生均有体现。乳汁少，白色且不变色，稍苦涩。菌柄长 3～8 cm，宽 3～6 mm，形状多为圆柱形，或逐渐向上变细，颜色与菌盖相近或略浅，基部则覆盖有硬毛。担孢子大小为 (6.5～8) μm × (6～7.5) μm，形态上接近球形至宽椭圆形，颜色近乎无色，可能呈现出完整至不完整的网纹状，且具备淀粉质特性。

生态习性：夏秋季期间，呈散生状态生于阔叶林中地上。

地理分布：全球分布：中国。中国分布：西南和华中等地区。标本采集于龙泉山城市森林公园的凤光寺管护站、高石岩管护站、石经寺管护站和龙泉湖管护站。

用途或危害性：具有一定毒性。

担子菌门 Basidiomycota | 343

图 174　毛脚乳菇（*Lactarius hirtipes*）（标尺：b～e = 1 cm。）

175. *Lactifluus glaucescens* (Crossl.) Verbeken   （图 175）

汉语名称： 粉绿多汁乳菇。

形态特征： 子实体（担子果）大型。菌盖直径 5 ~ 15 cm，凸至平展，后中心凹陷。表面光滑，干燥，有光泽，有不规则的斑点和深色斑点，有时有轻微褶皱，白色至淡奶油色。菌褶延生，窄，密集，带白色，被乳汁染成绿色，瘀伤后数小时变为脏褐色。菌柄长宽为（3.0 ~ 9.0）cm ×（1.0 ~ 4.0）cm，通常短于菌盖直径；表面光滑，干燥，白色至淡奶油状。菌肉非常坚硬和厚重，白色，数小时后变蓝绿色，干燥时有淡淡的蜂蜜味，味道刺鼻。乳汁不是很丰富，白色，干燥时经常变蓝至灰绿色。担子大小为（45 ~ 50）μm ×（7 ~ 9）μm，圆柱状至近卵形，2 ~ 4 孢子结构。担孢子大小为（6.5 ~ 9.3）μm ×（5.3 ~ 6.9）μm，近球形至椭球状；具不规则疣。侧生囊状体大小为（60 ~ 90）μm ×（7 ~ 10）μm。

生态习性： 夏季期间，呈散生状态生于青冈林地之中。

地理分布： 全球分布：中国和英国等国家。中国分布：西南等地区。标本采集于龙泉山城市森林公园的四方山管护站。

用途或危害性： 具有食用价值。

担子菌门 Basidiomycota | 345

图175　粉绿多汁乳菇（*Lactifluus glaucescens*）（标尺：a～d=1 cm。）

176. *Lactifluus pilosus* (Verbeken, H.T. Le & Lumyong) Verbeken （图 176）

汉语名称：长绒多汁乳菇。

形态特征：子实体（担子果）大型。菌盖直径 8～17 cm，幼时凸，后来成为漏斗状，中心凹陷，有时具波状边缘；表面干燥，天鹅绒样，通常在边缘附近有皱纹；白色至浅黄色，有橙色至褐色斑点。菌褶延生，奶油色至灰色，瘀伤时变为橙棕色，具有丰富的不同长度的菌褶。菌柄长宽为（1～4.5）cm ×（1～2.5）cm，圆柱状至稍微向下逐渐变细，中生，有时偏生；表面干燥，柔软，与菌毛同色。乳汁白色，干燥后变为淡黄色。担子大小为（55.3～71.4）μm ×（8.0～11.3）μm，近卵状。担孢子大小为（7.0～8.2）μm ×（5.6～7.2）μm，球状至椭圆形。侧生囊状体大小为（91.1～105.2）μm ×（7.2～9.8）μm，近曲状至棒状；盖表囊状体大小为（63.7～74.9）μm ×（5.5～7.8）μm，狭棒状，丰富。

生态习性：夏季期间，呈散生状态生于针阔混交林地之中。

地理分布：全球分布：中国和泰国等国家。中国分布：四川、广东、云南和甘肃等地。标本采集于龙泉山城市森林公园的红花管护站。

用途或危害性：具有一定毒性。

担子菌门 Basidiomycota 347

图 176 长绒多汁乳菇（*Lactifluus pilosus*）（标尺：a～d = 1 cm。）

花耳纲 Dacrymycetes

木耳目 Auriculariales

木耳科 Auiculariaceae

177. *Auricularia auricula-judae* (Bull.) Quél. （图 177）

汉语名称： 厚质木耳。其他名称如黑木耳等。

形态特征： 子实体（担子果）呈片状，初生时形似小巧的杯状，随后逐渐扩展至耳状，多个耳片紧密相连时呈菊花状。子实体呈现半透明状，具有胶质的质感和良好的弹性，直径一般为 4～10 cm，干燥后子实体会显著收缩，转变为硬质且易碎的角质状态，硬而脆。子实体的背部显著凸起，颜色为青褐色，表面覆盖着密集的短毛，而腹面则呈现出下凹的形态，表面光滑并带有脉络状的皱纹，干燥后颜色转变为黑色，在腹面的子实层上长有担孢子。担孢子大小为（9～14）μm ×（5～6）μm，形态为肾形，无色透明，担孢子多时如一层白色粉末。

生态习性： 夏秋季期间，呈单生或群生状态多生于壳斗科植物的倒木上。

地理分布： 全球分布：中国、日本、朝鲜，欧洲与北美洲等地区。中国分布：吉林、福建、黑龙江、广西、海南、河北、陕西、甘肃、四川、云南、河南、江苏和湖南等地。标本采集于龙泉山城市森林公园的大河坝管护站。

用途或危害性： 子实体可食用或药用，具有补益气血和舒筋活血等功效。

担子菌门 Basidiomycota

图 177 厚质木耳（*Auricularia auricula-judae*）（标尺：b～d = 1 cm。）

178. *Auricularia cornea* Ehrenb. （图 178）

汉语名称：角质木耳。其他名称如毛木耳等。

形态特征：子实体（担子果）一年生，直径可达 15 cm，厚 0.5～1.5 mm。在新鲜状态下，子实体展现出多样化的形态，如杯形、盘形或贝壳形，质地较为厚；通常群生，有时单生，颜色范围从棕褐色到黑褐色不等，具备胶质特性，触感富有弹性且质地略显坚硬；子实体的中部常呈现凹陷状态，边缘锐且通常上卷。干后子实体会发生显著的收缩现象，质地变得更为坚硬，呈现出角质般的特性，当重新浸泡于水中时，其形态与质地能够恢复到接近新鲜时的状态。不育面中部常收缩形成短柄状结构，与基质紧密相连，被绒毛，暗灰色，分布较密，子实层表面平滑，深褐色至黑色。担孢子大小为（11.5～13.8）μm ×（4.8～6）μm，形状为腊肠形，无色，薄壁，平滑。

生态习性：夏秋季期间，呈群生或丛生状态生长于多种阔叶树的倒木和腐木上。

地理分布：全球分布：中国、美国、古巴和菲律宾国家。中国分布：四川、福建、台湾和海南等地。标本采集于龙泉山城市森林公园的大河坝管护站和红花管护站。

用途或危害性：具有食用价值，可栽培。

担子菌门 Basidiomycota | 351

图 178　角质木耳（*Auricularia cornea*）（标尺：a～g = 1 cm。）

花耳目
Dacrymycetales

花耳科 Dacrymycetaceae

179. *Dacryopinax spathularia* (Schwein.) G.W. Martin （图 179）

汉语名称：匙盖假花耳。其他名称如桂花耳等。

形态特征：子实体（担子果）高 0.8～2.6 cm，宽 4～5 mm，柄下部直径 4～6 mm，近直立匙形，上端弯曲扁平，橙红色至橙黄色。基部变窄成柄状，能够深入腐木的裂缝中，与基物紧密相连；基物内部则呈现出栗褐色至黑褐色的颜色。担子具有 2 分叉，2 担子结构。担孢子大小为（8～14）μm ×（3.5～4.5）μm，形状为椭圆形至肾形，无色，光滑，初期并不具备横隔结构，后期形成 1～2 横隔。

生态习性：春季至晚秋期间，呈群生或丛生状态生于倒腐木或木桩上。

地理分布：全球分布：中国、美国、古巴、海地和委内瑞拉等国家。中国分布广泛。标本采集于龙泉山城市森林公园的林家坪管护站和天鹅岭管护站。

用途或危害性：可食用，但因子实体过小，开发利用潜力受限。

担子菌门 Basidiomycota 353

图179 匙盖假花耳（*Dacryopinax spathularia*）（标尺：a～d = 1 cm。）

主要参考文献

[1] CO-DAVID D, LANGEVELD D, NOORDELOOS M E. Molecular phylogeny and spore evolution of Entolomataceae[J]. Persoonia, 2009, 23: 147-176.

[2] DUTTA A K, PALOI S, ACHARYA K. New record of *Tulostoma squamosum* (Agaricales: Basidiomycota) from India based on morphological features and phylogenetic analysis[J]. Journal of Threatened Taxa, 2020, 12(3): 15375-15381.

[3] GE Z W, YANG Z L, QASIM T, et al. Four new species in *Leucoagaricus* (Agaricaceae, Basidiomycota) from Asia[J]. Mycologia, 2017, 107(5): 1033-1044.

[4] HE X L, LI T H, JIANG Z D, et al. *Entoloma mastoideum* and *E. praegracile* — two new species from China[J]. Mycotaxon, 2011, 116: 413-419.

[5] LIN D Z, WANG F, YANG L M, et al. A new cadinane sesquiterpene with significant anti-HIV-1 activity from the cultures of the basidiomycete *Tyromyces chioneus*[J]. Journal of Antibiotics, 2007, 60(5): 332-334.

[6] LIU F, LIU C, ZHOU Y J, et al. A novel *Mallocybe* species (Inocybaceae, Agaricales) discovered in the Longquan Mountain of Southwestern China[J]. Phytotaxa, 2024, 659(1): 56-66.

[7] MALYSHEVA E F, SVETASHEVA T Y, BULAKH E M. Fungi of the Russian far east. I. New combination and new species of the genus *Leucoagaricus* (Agaricaceae) with red-brown basidiomata[J]. ÌÈÊÎËÎÃÈß È ÔÈÒÎÏÀÒÎËÎÃÈß, 2013, 47(3): 169-179.

[8] MAO N, XU Y Y, ZHAO T Y, et al. New species of *Mallocybe* and *Pseudosperma* from North China[J]. Journal of Fungi, 2022, 8(3): 256.

[9] WANG F J, QI L L, ZHOU X Y, et al. A new species and a new record of *Xanthagaricus* (Agaricaceae, Agaricales) from China[J]. Phytotaxa, 2018, 371(4): 241-250.

[10] WIJAYAWARDENE N N, HYDE K D, MIKHAILOV K V, et al. Classes and phyla of the kingdom *Fungi*[J]. Fungal Diversity, 2024, 128: 1-165.

[11] ZHAO K, WU G, FENG B, et al. Molecular phylogeny of *Caloboletus* (Boletaceae) and a new species in East Asia[J]. Mycological Progress, 2014, 13(4): 1127-1136.

[12] 曹健, 张惠杰, 许春平. 二年残孔菌胞外多糖组分分析及其在卷烟中的应用[J]. 浙江农业学报,

2014, 26(2): 279-284.

[13] 陈美玲, 张双燕, 王传贵. 密粘褶菌生物性降解对杉木木材性质的影响 [J]. 安徽农业大学学报, 2016, 43(3): 378-382.

[14] 戴玉成. 中国真菌志 (第五十七卷·锈革孔菌目)[M]. 北京: 科学出版社, 2018.

[15] 樊永华. 以阿魏酸为底物微生物转化生产香兰素的研究进展 [J]. 粮食与食品工业, 2017, 24(6): 43-47.

[16] 郭林. 中国真菌志 (第五十九卷·炭角菌属)[M]. 北京: 科学出版社, 2019.

[17] 贺新生. 四川盆地蕈菌图志 [M]. 北京: 科学出版社, 2011.

[18] 李玉, 李泰辉, 杨祝良. 中国大型菌物资源图鉴 [M]. 郑州: 中原农民出版社, 2015.

[19] 梁云龙, 林建添, 郑海富, 等. 奶油栓孔菌生物学特性及驯化 [J]. 食用菌学报, 2022, 29(6): 51-58.

[20] 刘欣媛, 孙元, 李素, 等. 云芝葡聚糖对非洲猪瘟病毒的体外抑制作用 [J]. 中国兽医学报, 2022, 42(11): 2133-2138, 2144.

[21] 马振花, 伍时华, 唐业祥, 等. 高产漆酶菌株 *Irpex lacteus* TY-3 的分离鉴定及酶学性质研究 [J]. 化工管理, 2023(23): 33-36, 40.

[22] 卯晓岚. 中国大型真菌 [M]. 郑州: 河南科学技术出版社, 2000.

[23] 卯晓岚. 中国经济真菌 [M]. 北京: 科学出版社, 1998.

[24] 牟光福, 图力古尔. 广西喀斯特三主要林区大型真菌区系组成及其特点 [J]. 菌物学报, 2023, 42(7): 1461-1484.

[25] 图力古尔, 包海鹰, 李玉. 中国毒蘑菇名录 [J]. 菌物学报, 2014, 33(3): 517-548.

[26] 图力古尔, 李海蛟, 包海鹰, 等. 中国毒蘑菇新修订名录 [J]. 菌物研究, 2024, 22(4): 301-321.

[27] 图力古尔, 娜琴, 刘丽娜. 中国小菇科真菌图志 [M]. 北京: 科学出版社, 2021.

[28] 汪阳, 李硕, 张桐, 等. 裂拟迷孔菌生物学特性及驯化栽培分析 [J]. 中国食用菌, 2019, 38(7): 9-14, 18.

[29] 王剑锋, 王璋, 李江, 等. 漏斗多孔菌液体发酵产漆酶条件研究 [J]. 菌物学报, 2009, 28(3): 440-444.

[30] 王星光, 王虎霞, 宋张骏. 云芝糖肽抗肿瘤机制研究进展 [J]. 中医药导报, 2022, 28(10): 96-99.

[31] 王兴娜, 刘吉开. 高等真菌臭红菇化学成分的研究 [J]. 中草药, 2014, 45(24): 3515-3519.

[32] 温祝桂, 王杰, 汤阳泽, 等. 外生菌根真菌彩色豆马勃 (*Pisolithu stinctorius*) 辅助植物修复重

金属 Cu 污染土壤的应用潜力 [J]. 生物技术通报, 2017, 33(4): 149-156.

[33] 吴光栩, 李雷, 李馨蕊, 等. 红鬼笔化学成分及其细胞毒性研究 [J]. 中南药学, 2022, 20(11): 2476-2479.

[34] 吴培云, 陆云德, 刘吉开, 等. 松脂皱皮孔菌发酵液化学成分的研究 [J]. 中成药, 2015, 37(10): 2208-2211.

[35] 杨祝良, 吴刚, 李艳春, 等. 中国西南地区常见食用菌和毒菌 [M]. 北京: 科学出版社, 2021.

[36] 杨祝良. 中国真菌志·第五十二卷·环柄菇类 (蘑菇科)[M]. 北京: 科学出版社, 2019.

[37] 殷伟琦, 于寒, 汪阳, 等. 膨大革孔菌生物学特性及驯化栽培 [J]. 菌物研究, 2022, 20(2): 109-115.

[38] 袁明生, 孙佩琼. 四川蕈菌 [M]. 成都: 四川科学技术出版社, 1985.

[39] 袁明生, 孙佩琼. 中国大型真菌彩色图谱 [M]. 成都: 四川科学技术出版社, 2013.

[40] 张春杰, 杨婷, 李国友, 等. 南方灵芝子实体的化学成分 [J]. 应用与环境生物学报, 2015, 21(2): 268-273.

[41] 张红楠, 张旭辉, 吴頔. 生防烟管菌对植物抗病性相关酶活性及叶绿素含量的影响 [J]. 浙江农业科学, 2017, 58(12): 2226-2230, 2234.

[42] 张李, 李霞. 云芝胞内糖肽胶囊联合替诺福韦酯片治疗慢性乙型肝炎的临床效果 [J]. 临床合理用药杂志, 2022, 15(32): 55-58.

中文名称索引

A

矮蜡蘑 ······ 100

B

白蜡万氏寄生革菌 ······ 302
白毛小包脚菇 ······ 192
白小鬼伞 ······ 202
白赭截孢孔菌 ······ 300
斑纹丝盖伞 ······ 118
薄黑孔菌 ······ 312
薄皮干酪菌 ······ 272
贝形圆孢侧耳 ······ 172
毕氏小奥德蘑 ······ 184
变绿红菇 ······ 334
伯特氏炭角菌 ······ 016

C

草生小皮伞 ······ 140
蝉棒束孢 ······ 008
长梗裸脚伞 ······ 166
长绒多汁乳菇草菇 ······ 346
稠李木层孔菌 ······ 264
臭红菇 ······ 320
纯白微皮伞 ······ 168
丛毛小脆柄菇 ······ 214
粗糙鳞盖菇 ······ 176

| 粗糙拟迷孔菌 | 284 |
| 脆珊瑚菌 | 078 |

D

袋形地星	258
凋萎锤舌菌	002
冬青红菇	322
冬小包脚菇	190
豆马勃	250
毒粘滑菇	102
堆联脚伞	162
多鳞柄灰包	062

E

| 二歧毛皮伞 | 138 |

F

粉残孔菌	280
粉红地星	256
粉褶白环蘑	058

G

橄榄绿乳菇	340
干小皮伞	144
沟纹小菇	150

H

禾红菇	324
黑柄四角孢伞	146
黑褐粉孢牛肝菌	242
黑轮层炭壳	010
黑轴炭角菌	022

中文名	页码
红盖白环蘑	044
红褐黄肉牛肝菌	236
红花红菇	323
红色红菇	328
红炭团菌	012
红棕色苦涩牛肝菌	244
厚质木耳	348
胡萝卜色丝盖伞	110
黄盖坎多伞	198
黄褐乳菇	338
黄环圆头伞	076
黄鳞黄蘑菇	066
灰光柄菇	186
灰褐白环蘑	042
灰褐小脆柄菇	217
灰小包脚菇	197

J

中文名	页码
鸡肾须腹菌	248
鸡油菌	254
极细粉褶蕈	096
假根美牛肝菌	238
尖顶地星	260
娇柔白环蘑	052
角质木耳	350
洁小菇	148
芥黄鹅膏	068
金赤拟锁瑚菌	082
金针菇	180
近丁香紫白环蘑	050

名称	页码
近晶囊白环蘑	048
近裸拟金钱菌	160
近辛格坎多伞	200
晶盖粉褶蕈	092
晶粒小鬼伞	204

K

名称	页码
苦粉孢牛肝菌	243

L

名称	页码
蜡味红菇	316
辣斜盖菇	098
泪褶毡毛脆柄菇	208
梨生多年卧孔菌	290
梨形马勃	124
丽孢丝盖伞	108
栎裸柄伞	164
栎圆头伞	074
栗色白环蘑	040
栗生小菇	154
裂丝盖伞	120
裂褶菌	218
鳞丝膜菌	086
灵芝	304
菱红菇	332
柳生丝盖伞	116
龙泉茸盖伞	122
隆纹黑蛋巢菌	228
漏斗韧伞	288
露矮菇	036
卵孢长根菇	182

| 落叶杯伞 | 224 |
| 略薄棱孔菌 | 286 |

M

毛脚乳菇	342
毛马鞍菌	006
毛头鬼伞	038
美红菇	326
密褐褶孔菌	262
蜜环菌	174
绵毛丝盖伞	112
绵阳炭角菌	024
蘑菇	028
木生老伞	230
牧场黄蘑菇	064

N

南方灵芝	306
牛肝菌（待定种）	234
浓香乳菇	336

P

| 膨大栓菌 | 294 |
| 偏盖粉褶蕈 | 094 |

Q

| 球基鹅膏 | 070 |

R

热带紫褐裸伞	104
绒柄拟金钱菌	158
绒座炭角菌	018

柔弱锥盖伞	072
肉褐环柄菇	060
乳白耙菌	274
乳白蛋巢菌	226
乳白古巴菌	282
乳酪状红金钱菌	170
锐顶炭角菌	014

S

珊瑚状锁瑚菌	080
深红鬼笔	268
狮黄光柄菇	188
匙盖假花耳	352
树舌灵芝	304
树脂薄皮孔菌	276
双型拟金钱菌	156
丝绸白环蘑	046
梭形拟锁瑚菌	084

T

庭院小鬼伞	206
铜色红菇	318
头状秃马勃	128
土黄丝盖伞	114
团炭角菌	020

W

娃氏类白环蘑	054
弯生小菇	152
网纹马勃	130
网隙硬皮马勃	252

微红丝膜菌	088
微小脆柄菇	216
围篱状散尾鬼笔	266
细小脆柄菇	212

X

细褐鳞蘑菇	032
小白白伞	232
小果蚁巢伞	134
小灰球菌	126
小绒盖牛肝菌	246
小拟层孔菌	270
锈鳞裸伞	106
锈色丝膜菌	090
雪白白环蘑	056
血红豆形菌	314
血红园圊牛肝菌	241
玄青蘑菇	030

Y

亚臭红菇	330
烟管菌	278
烟灰蚁巢伞	136
易逝无环蜜环菌	178
银盖口蘑	220
硬柄小皮伞	142
硬毛栓菌	296
有柄灵芝	308
原野牛肝菌	240
云芝	298

Z

名称	页码
窄孢胶陀盘菌	004
赭黄杯伞	222
褶纹近地伞	210
真根蚁巢伞	132
朱红密孔菌	292
紫肉蘑菇	034

拉丁学名索引

A

Abortiporus biennis ... 280

Agaricus campestris ... 028

Agaricus memnonius ... 030

Agaricus moelleri ... 032

Agaricus porphyrizon ... 034

Amanita subglobosa ... 070

Amanita subjunquillea ... 068

Apioperdon pyriforme ... 124

Armillaria mellea ... 174

Auricularia auricula-judae ... 348

Auricularia cornea ... 350

B

Bjerkandera adusta ... 278

Boletus sp. ... 234

Bovista pusilla ... 126

Butyriboletus brunneus ... 236

C

Caloboletus radicans ... 238

Calvatia craniiformis ... 128

Candolleomyces candolleanus ... 198

Candolleomyces subsingeri ... 200

Cantharellus cibarius ... 254

Chamaemyces fracidus ... 036

Clavaria vermicularis	078
Clavulina coralloides	080
Clavulinopsis aurantiocinnabarina	082
Clavulinopsis fusiformis	084
Clitocybe bresadolana	222
Clitocybe phyllophila	224
Clitopilus piperitus	098
Collybiopsis biformis	156
Collybiopsis confluens	158
Collybiopsis subnuda	160
Connopus acervatus	162
Conocybe tenera	072
Coprinellus disseminatus	202
Coprinellus micaceus	204
Coprinellus xanthothrix	206
Coprinus comatus	038
Cortinarius pholideus	086
Cortinarius rubellus	088
Cortinarius subferrugineus	090
Crinipellis bidens	138
Crucibulum laeve	226
Cubamyces lactineus	282
Cyathus striatus	228
Cyptotrama asprata	176

D

Dacryopinax spathularia	352
Daedaleopsis confragosa	284
Daldinia concentrica	010
Desarmillaria tabescens	178

Descolea flavoannulata ··· 076

Descolea quercina ·· 074

E

Entoloma clypeatum ·· 092

Entoloma excentricum ·· 094

Entoloma praegracile ··· 096

F

Fabisporus sanguineus ·· 314

Favolus tenuiculus ·· 286

Flammulina velutipes ··· 180

Fomitopsis malicola ·· 270

G

Ganoderma applanatum ··· 304

Ganoderma australe ··· 306

Ganoderma gibbosum ··· 308

Ganoderma lucidum ·· 310

Geastrum rufescens ·· 256

Geastrum saccatum ·· 258

Geastrum triplex ·· 260

Gerronema nemorale ··· 230

Gloeophyllum trabeum ··· 262

Gymnopilus dilepis ··· 104

Gymnopilus lepidotus ··· 106

Gymnopus dryophilus ··· 164

Gymnopus longus ··· 166

H

Hebeloma fastibile ·· 102

Helvella tomentosa	006
Hortiboletus campestris	240
Hortiboletus rubellus	241
Hymenopellis raphanipes	182
Hypoxylon haematostroma	012

I

Inocybe calospora	108
Inocybe caroticolor	110
Inocybe curvipes	112
Inocybe godeyi	114
Inocybe salicis	116
Inosperma maculatum	118
Irpex lacteus	274
Isaria cicadae	008
Ischnoderma resinosum	276

L

Laccaria pumila	100
Lacrymaria lacrymabunda	208
Lactarius camphoratus	336
Lactarius cinnamomeus	338
Lactarius hirtipes	342
Lactarius olivaceopallidus	340
Lactifluus glaucescens	344
Lactifluus pilosus	346
Lentinus arcularius	288
Leotia marcida	002
Lepiota brunneoincarnata	060
Leucoagaricus centricastaneus	040
Leucoagaricus cinerascens	042

Leucoagaricus leucothites ·········· 058

Leucoagaricus nivalis ·········· 056

Leucoagaricus rubrobrunneus ·········· 044

Leucoagaricus serenus ·········· 046

Leucoagaricus subcrystallifer ·········· 048

Leucoagaricus subpurpureolilacinus ·········· 050

Leucoagaricus tener ·········· 052

Leucoagaricus vassiljevae ·········· 054

Leucocybe candicans ·········· 232

Lycoperdon perlatum ·········· 130

Lysurus periphragmoides ·········· 266

M

Mallocybe longquanensis ·········· 122

Marasmiellus candidus ·········· 168

Marasmius graminum ·········· 140

Marasmius oreades ·········· 142

Marasmius siccus ·········· 144

Mycena abramsii ·········· 150

Mycena adnexa ·········· 152

Mycena castaneicola ·········· 154

Mycena pura ·········· 148

N

Nigroporus vinosus ·········· 312

O

Oudemansiella bii ·········· 184

P

Parasola plicatilis ·········· 210

Perenniporia pyricola ·········· 290

Phallus rubicundus	268
Phellinus padicola	264
Pisolithus arhizus	250
Pleurocybella porrigens	172
Pluteus cervinus	186
Pluteus leoninus	188
Psathyrella corrugis	212
Psathyrella kauffmanii	214
Psathyrella pygmaea	216
Psathyrella spadiceogrisea	217
Pseudosperma rimosum	120
Pycnoporus cinnabarinus	292

R

Rhizopogon jiyaozi	248
Rhodocollybia butyracea	170
Russula cerolens	316
Russula cuprea	318
Russula foetens	320
Russula graminea	324
Russula ilicis	322
Russula insignis	323
Russula puellaris	326
Russula rosea	328
Russula subfoetens	330
Russula vesca	332
Russula virescens	334

S

Schizophyllum commune	218
Scleroderma areolatum	252

T

Termitomyces eurrhizus ········· 132

Termitomyces fuliginosus ········· 136

Termitomyces microcarpus ········· 134

Tetrapyrgos nigripes ········· 146

Trametes hirsuta ········· 296

Trametes strumosa ········· 294

Trametes versicolor ········· 298

Trichaleurina tenuispora ········· 004

Tricholoma argyraceum ········· 220

Truncospora ochroleuca ········· 300

Tulostoma subsquamosum ········· 062

Tylopilus atroviolaceobrunneus ········· 242

Tylopilus felleus ········· 243

Tylopilus rubrobrunneus ········· 244

Tyromyces chioneus ········· 272

V

Vanderbylia fraxinea ········· 302

Volvariella brumalis ········· 190

Volvariella hypopithys ········· 192

Volvariella murinella ········· 194

Volvariella volvacea ········· 196

X

Xanthagaricus epipastus ········· 064

Xanthagaricus necopinatus ········· 066

Xerocomus parvus ········· 246

Xylaria apiculata ········· 014

Xylaria berteroi ········· 016

Xylaria filiformis ········· 018

Xylaria hypoxylon ·· 020
Xylaria melanaxis ··· 022
Xylaria mianyangensis ·· 024